迭代

让情商和见识成为你最大的底气

薇安◎著

江苏凤凰文艺出版社
JIANGSU PHOENIX LITERATURE AND ART PUBLISHING, LTD

图书在版编目（CIP）数据

迭代：让情商和见识成为你最大的底气 / 薇安著.
-- 南京：江苏凤凰文艺出版社, 2018.10
ISBN 978-7-5594-2998-8

Ⅰ. ①迭… Ⅱ. ①薇… Ⅲ. ①成功心理 - 通俗读物
Ⅳ. ①B848.4-49

中国版本图书馆CIP数据核字（2018）第227601号

书　　名	迭代：让情商和见识成为你最大的底气
作　　者	薇　安
责任编辑	邹晓燕　黄孝阳
出版发行	江苏凤凰文艺出版社
出版社地址	南京市中央路 165 号，邮编：210009
出版社网址	http://www.jswenyi.com
发　　行	北京时代华语国际传媒股份有限公司　010-83670231
印　　刷	北京中科印刷有限公司
开　　本	880 × 1230 毫米　1/32
印　　张	8.75
字　　数	180 千字
版　　次	2018 年 10 月第 1 版　2018 年 10 月第 1 次印刷
标准书号	ISBN 978-7-5594-2998-8
定　　价	45.00 元

目录

第二章

个人成长：找到正确精进的通道

第三章

情商修炼：高情商的人生到底有多赚

第四章

自我管理：如何利用时间，决定了你的人生质量

自序

你要如何迭代你的人生

我很喜欢“迭代”这个词，这是我在工作中常用到的方法。迭代就是，当我们去做一件事的时候，通过反复做，不断总结和思考，从而找到更好的方法，实现一次比一次更优化。我从不满足现状，我一直认为没有最好，只有更好。渴望进步，拥有归零心态，才能不断走在成长的道路上，才有机会发现人生的无限潜能。

过去10年，我一直在大型外资公司从事高管工作，我先后在几家跨国企业担任全国高级销售总监。

以前人们心中关于成功的定义很窄，就是在一家知名大企业努力工作，拼命往上爬，做到高级职位。除非你不想成功，否则就一定会面临职场中白热化的业绩压力，复杂的人际关系和办公室政治，以及企业和领导对你提出的各种能力要求。

尽管竞争激烈，但我仍然热爱职场。因为我在这里得到了历练，养成了策略性思考和大局观的习惯，懂得知人善用，知道如何完美执行，领悟拼搏和坚持的力量，学会在跌倒后爬起。这一切的付出和努力都有意义，它不仅体现在事业的成果上，更体现在综合能力的提高上。

我在职场发展得不错，但是如果没有2016年年底的一个小尝试，也许今天的我不会为你所知。洋洋是我以前的下属，有一天晚上，她对我说："老板，你应该开一个公众号，把你的经验和心得写出来，让我们受益。"

公众号？在此之前，我从没想过我和这三个字会有什么关联。但是我觉得她说得有道理，于是我就去做了。当天凌晨2点，我创立了公众号"薇安说"，然后手忙脚乱地写完并发出了第一篇文章，从此走进了另一个全新的世界。

白天我一如既往努力工作，业余时间我用来陪伴我的两个孩子。一个是我7岁的儿子心心，另一个"孩子"就是我的公众号。我的职场经验丰富，所以我分享的很多"干货"文章都是我在职场的经验和体会。在粉丝不断累积的过程中，我意外地发现，那些我认为很普遍的认知，对于许多读者来说，却是他们从未听说过的。很多读者留言，感谢我写的这些文章，让他们醍醐灌顶。这些都让我倍感欣慰，让我领悟到写作的意义。的确，谁天生就懂那么多东西，谁不是在成长过程中一路跌跌撞撞才走到今天的呢？

过去两年，近50万读者关注了我的公众号，而我亦利用业余时间，给一些上进的年轻人做在线教育。事实上，我在公司就经常给员工做培训，我非常注重软技能教育，比如学习力、领导力、情商、沟通表达能力、时间管理能力和认知力等的培养。我深知软实力决定了每个人事业发展能走多远。

这几年来，我在职场一直保持着持续向上的发展势头。而我的思想和观念，也得以通过自媒体得到广泛的传播。我很喜欢微信公众号的slogan：再小的个体也有自己的品牌。个人品牌的背后代表着影响力。如果每个人都能够传递对他人有价值的，积极正面的信息，这将是一件非常有意义的事情。

在和几十万读者交流的过程中，我能深刻地感受到他们对成功的渴望，对成长的渴求。职场怎么做才能突围？如何学习才能具有竞争力？如何培养自律的好习惯？如何才能有效地管理时间？怎样才能自信地表达并吸引别人关注？如何才能成为高情商的人？如何建立良好的人脉关系？…… 所有的这些，背后都诉说着一个目的，我要如何才能赢。

所以，我将从职业发展、个人成长、情商沟通和自我管理这四个维度来阐述我的观点。我认为，每个人要想不断地成长和迭代，都离不开这几个方面。

职业发展这一篇章，重点传递了工作中的学习能力概念。当今时代，每个行业都发展得如此之快，经验已经不像以前那么值钱了，所以最重要的就是学习力。另外，我还讲到了职场上的一些游戏规则，比如适度曝光，和领导相处的艺术，事业和家庭的平衡技巧以及领导人的管理方法等。相信我的职场经验可以帮助广大小伙伴们少走一些弯路。

个人成长这一篇章，主要是从我们的日常行为着手。比如，如何打造自己的核心竞争力，从而立于不败之地？如何突破迷茫和焦虑，让自己与时俱进？如何提升自信心，活出精彩的人生？只有改变自己，一切才有出路。

情商、沟通和表达，与我们的生活工作息息相关。无论你做什么，都避免不了和他人沟通交流。怎样才能成为高情商的人？怎样表达才最吸引人？如何沟通才能拥有良好的人际关系？这些是每个人都必须掌握，也一定可以掌握的技能。

自律是现在最热门的话题。的确，自律的人更容易成功。

但是为什么别人都可以自律，你却不行？为什么你整天又忙又累却一事无成？为什么你想看书，却捧着书一个字都看不进去？也许在本书中你能找到困惑已久的答案。

每个人都崇尚成功。但我认为成长比成功更重要。因为成功是别人衡量的，而成长是由我们的精神、思想和内心决定的。

你有没有比去年的同期更smart？你有没有解锁一个新技能？你有没有通过读书，读文章刷新认知？你有没有实现自己的小目标？你有没有更从容地解决生活中的难题？你有没有更快乐？你有没有让自己的状态变得更好？

当你一直把目光聚焦在自我成长的时候，你就能收获一个更好的自己，而你的人生也有机会“逆风翻盘”，从量变到质变。

这本书要感谢我的助理板栗姐，她帮助我一遍又一遍地校对这些文章。也要感谢我的先生陈胖，正是他的鼓励让我没有放弃。还要感谢我的儿子心心，他从不在我工作时打扰我。

感谢所有一路支持薇安的读者朋友们，此书与你共勉。

第一章

职业发展：
看清趋势，顺势而为

如何在不同领域成为厉害的人？

如果心无恐惧，你会不会勇敢地追求自己的梦想？

如果可以重新选择，你会不会过上不同的人生？

01

几年前，我决定离开原来工作了多年的行业，尝试全新的领域。入职的第一天，同事将我介绍给不同的部门。在介绍的过程中，除了感受到同事们的热情外，他们的笑脸和言语背后，我总有一种异样的感觉。

后来才知道，原来我这个位置招了一年多，也许是公司太挑剔，也许是这个业务太难做。而我要带领的团队，在当时是被定性为“最差”的团队，一直完成不了各项KPI 。公司业绩考核中，2分代表不合格。我即将带领的这群人，在当年的业绩考核中，全部评分都是2。

我这才明白那些笑容后的含义。他们也许很吃惊，也许替我捏把汗。

“这样的环境你还跳进来啊？”

“这是个大坑。”

“你是个门外汉。”

“带了一支全公司最‘糟糕’的队伍。”

……

我的那些高头大马的经理下属们，第一次见到我时，毫无热情可言。在他们眼里，团队士气低落，业绩停滞不前，就我这么一个外表看起来瘦小娇弱的女子，还是一个绝对的外行，怎么看也不像能改变现状的样子。他们对自己没有信心，对我也没有信心。

但是，我这个“跨界”的人，用了不到5个月的时间，就扭转了格局。不仅在下半年达成了业务指标，而且将整个团队的士气也带得非常高涨。因为业绩进步神速，团队在年末还获得了唯一的“总经理特别奖”。

02

两年前，公司决定调整战略，开拓新业务，尝试过从外面招几位专业人才来带领转型。但结果并不理想，要么是这些专家无法适应国际大公司的文化，要么就是公司无法接受他们的那种特殊沟通和工作方式，最后只能分道扬镳。

启动新业务迫在眉睫。公司和我商量，希望由我来率领新的业务部门，从零开始组建部门并开拓新的市场。这是一个非常重要的业务领域，但我完全不懂这块业务，放眼望去全公司上下几千人，也没有人了解。

我一度很犹豫，在现有岗位上我已经做得顺风顺水，团队也被打造得很优秀。我应该跳出舒适圈吗？ 承担这一重担看似机遇也是风险。如果失败，前面所做的都将毁于一旦。同时我也在质疑自己，我真的有能力再一次从头开始吗？

但是，机会只留给有准备有勇气的人。我告诉自己，不要怕，输不丢人，怕才丢人。我决定纵身一跃，跳入全新的领域，引领公司业务转型。

结局如你所料，最终我们撒下的种子得以开花结果。经历了几百个没日没夜的奋斗，这块业务从一杆土枪开始，发展到现在航空母舰般的业务规模。

03

很多人告诉我，想追求梦想但没有勇气。在舒适圈待了太久，非常担心被淘汰。渴望走进一个新的领域迎接挑战，却害怕失败。如果这里面也有你，那么这3点建议也许可以克服你的恐惧，让你鼓起勇气。

1.任何时候开始都不晚

只要想做，任何时候开始都不晚。要想抓住机会改变命运，时机固然重要，但行动力更重要。很多人经常说，我对某个领域很感兴趣，可惜我错过了最好的时间。我想说，如果你不行动，几年后你仍然会对自己说同样的一句话。

两年前我们进入的领域，很明显已经错过了最好的时机。但是我们仍然坚定不移地冲了进去，而且通过顽强的努力，才发现其实竞争对手并没有比我们领先多少。实践证明，只要行动，通过和时间赛跑我们可以迎头赶上。

不去试，你就不知道自己的潜力在哪里。尝试也许会失败，但不试永远不会成功。比起样样追求完美，我更崇尚做成比做好更重要。追求完美很多时候会成为行动的阻力，而秉承做成一件事的人，就有勇气让想法变成行动。

如果你对一个领域充满兴趣，唯一的建议就是行动起来。NOW!

2.最值钱的是学习能力

我们这个时代不缺信息，缺的是开放的学习心态。移动互联网把世界上所有的人连接起来，如果你想学习，每时每刻都可以学到东西。

过去我们崇尚经验，但是现在更值钱的是学习能力。因为世界发展太快，每天都日新月异。抱着过去的经验不放，有可能会成为你未来的包袱。只有不断归零的心态，才能够与时俱进。

当我跨进一个充满挑战的全新领域时，我不会错过任何机会学习。跟下属学；跟下属的下属学；天天跟销售代表去跑市场，跟促销员去学习，和她们站店，学着和消费者聊天；跟客户学，拜访不同客户聆听他们的建议；跟书本学，通过读大量的书，来增加行业的敏感度。通过一段时间高强度的学习，就可以快速地成长。

学习，没有放不下的身段，也不应该有年龄的局限。20岁的人可以向50岁的人学习，而50岁的人也可以叫20岁的人老师。只要想学，人人皆可为老师。学习，是一种终生的行为。

当你将这学习变成了一种习惯，迈进任何全新领域，都不会成为阻碍你发展的障碍。

3.迅速搭建人脉圈子

来到一个新环境，最大的挑战不是来自业务，而是来自全新的人脉。人们往往会产生恐惧，一个人也不认识，他们都是怎么样的？他们会认可我吗？我该如何得到他们的支持？

担忧和缺乏自信是很正常的，这一点必须正视。但是，一旦你可以快速建立起自己的人脉，最大的挑战就可以迎刃而解。

那么应该怎么做呢？最重要的6个字就是：低姿态，走出去。新进入的你，对别人来说是陌生且不重要的。但是他/她对你的意义却不同。所以我们要主动走出去，刻意去经营一段关系。放低姿态，找到有影响力的核心人物建立信任关系，寻找一些友善的人作为朋友，并积极和同僚建立信任，让自己快速度过这段孤独期。

建立起广泛的人脉对重建信心和迅速适应新环境，至关重要。

如果在任何阶段都有勇气放下过去的成就，如果无论多少岁都可以保持好奇心和学习能力， 如果有了想法就敢于去实践，那么在迎接挑战和不断成长的道路上，世界也会为你让路。

她10年前是我的秘书

01

我去参加一个供应商的颁奖典礼。领奖的人都是获奖公司的高层代表。

其中一个女孩引起了我的注意，她连着上台领奖几次。主持人问她，你可是我们行业的知名人物，今年又是大丰收啊。可以分享下你的感受吗？她面带微笑自信地说，我们一如既往地追求卓越。

坐在我身旁的是一位我认识多年的副总裁，他侧过身满脸骄傲地对我说，你知道吗？台上那个女孩10年前曾是我的秘书，现在已经成长为一只“雄鹰”了。

我看着那个衣着优雅，自信大气的女高管，不由得心想，又有多少杰出的人才不是从秘书做起的呢。

02

几年前，我去一家公司任销售总监。有个模样看起来特别年轻的女孩坐在我前面，她看起来不起眼，也不多说话。我当时还嘀咕，公司怎么请了个童工？

同事告诉我，她不是我们公司的人。她是经销商的员工，在我们这里办公，专门为我们处理数据工作。她刚毕业，只有大专学历。工资在当时非常低。

连着很多天，我发现她总是第一个到，最后一个走。有几次我加班到9点，仍然看见她孤零零地坐在那里埋头工作。我还得赶她走，快回家吧，太晚了。她总是笑嘻嘻地说，还没做完，做完了就回去。

她年龄最小，所以大家都亲切地叫她晴妹。在办公室，晴妹这个词出现的频率是最高的。 因为只要遇到问题，大家第一时间就会想找她来解决。

晴妹，这个月我们还差多少完成指标？

晴妹，我们的库存周数是不是超出标准了？是哪几个客户库存偏高？

晴妹，帮我看看仓库里还有多少赠品没有发出去？

晴妹，我这个月的资源不够了，你能不能帮我协调下资源分配？

晴妹，我的PPT 做了吗？我明天要用。

……

她就像部门的大管家一样，对内部数据和资源了如指掌。只要有人找到她，上到总监，下到销售代表，她从不推脱，而且总是高质量地完成工作。

有一次我和几位经理讨论业务流程的优化。我们讨论了半天，始终找不到更好的办法。经理说，不如让晴妹参与讨论，她也许能给些建议。

晴妹来了后，静静地听了一会儿，就发现了流程漏洞，她把电脑里的数据调出来，一张一张表指给我们看。经理听完大腿一拍，就是这个问题了。

从那次后，我们所有的业务会议都会邀请晴妹参加。因为她了解业务，她有最全的数据资料，她还会主动给出有效的建议。

她对业务了解度越深，就越多人找她帮忙，以至于没完没了加班，连经理都看不下去了。经理对晴妹说，你是来支持经理业务的，对于别人的要求，你要学会拒绝。

她听完后还是笑笑不说话，依旧如故。对别人的请求有求必应，而且无论多么忙，从没有听过她一句抱怨。

她曾经动了辞职的念头，想去寻找更好的机会。当时部门上下都慌了，连销售代表都跑来找我，希望我能想办法留下她。大家觉得没了她真的不行。

当时部门有个空缺的正式员工岗位，不过职位是行政秘书。于是我问她，你愿不愿意转正？这对你可能是个机会。

她考虑了下，断然拒绝了。她说，我还是想贴近第一线。行政秘书虽是公司正式员工，但只负责行政这块，这不是我的兴趣所在。我现在做的工作，可以让我更了解业务，也让我对业务有更多的想法。

我当然尊重了她的意见。两年后，我调岗去负责更大的业务。想跟随我的人很多，但是我只带走了一个人，那就是她。

现在她已经成长为业务主管，工资是当年的几倍，发挥着更为重要的作用。

03

很多人刚毕业时不知道自己有什么优势，职业发展该何去何从。做着基层的职位，拿着微薄的工资，倍感迷茫。

有谁的工作是一开始能看到前途的？

前途是靠人一步步做出来的。你看见的所有白手起家的杰出人才，都是从零起步的。

不要害怕自己一无所有，而要去想到底要怎样做才能拥有。

最怕的是自己什么都没有，还好高骛远。想得太多，却做得太少。

为什么同样10年，有人可以从秘书做到总监，有人却只能原地踏步？

1.勤于思考

有些人在一个岗位工作了三年，对工作的洞察，还不一定比得过在同一个岗位做了六个月的人。这就是思考与不思考的区别。

一个擅长动脑筋的人，不会局限在眼前的工作，而是会思考，为什么会这样？如何才能做得更好？别人做得好的原因是什么？数据和现象揭示了什么？如果我是老板，我会怎么做？

勤于思考的人不会只看表面，还会看到本质；不会只看眼前，还会研究未来。他会比普通人看得更远，走得更远。

2.努力再努力

努力是成长的基石。

经常有人说，我做不好是因为我对此不感兴趣。但事实上，这些人不是没有兴趣，而是没有能力把事情做好。这种总是做不好事的人，就算转去做感兴趣的事，也可能因为挫折而最终放弃。

要对一件事情感兴趣，最有效的办法之一就是努力去做，直到做好为止。做好了就有成就感，兴趣自然而然就来了。

不怕脏活累活，不怕揽活的人，看似很吃亏，实际上是受益者。这些人被大量复杂的工作磨炼，得以快速成长。

你只有够努力，才有可能把工作做得卓越。够努力，才可以成为专业人士。够努力，才有机会比别人更优秀。

3.积极主动

我招了个助理。面试时她告诉我她过去经验有多么多么丰富。当我们一起工作后，才发现事实和理想中的差距。

我交给她的任务，她闷头去做。做完了没有效果，她也不汇报。面对问题，她视而不见。她从不主动和我联系，也不去思考如何才能优化结果。每次我发现了问题去找她，她一点不在乎，也没有解决问题的思路。这样工作了一段时间，我决定停止合作。

积极主动是一种优良的特质。一个只会被动接受任务的人，绝不可能出类拔萃。积极主动不仅表现在对工作的态度上，更表现在与人沟通上。

在工作中积极主动地思考和进行优化提高，在和他人的互动中，积极主动地交流和回应，这些都将让工作变得更有效率。

4.目标明确

每个人都要学会的一样能力，那就是以终为始。只有方向明确了，才知道路该怎么走。

我刚毕业时也是从秘书做起，当时对职业规划一无所知。那时很羡慕公司的一个业务主管，她在对内对外沟通上的能力一流。于是我暗自下决心向她学习锻炼自己的能力。因为有了明确的目标，后来公司有销售助理的空缺时，我抓住了机会。

晴妹也是一样，她放弃行政秘书的正式员工的机会，是因为她知道自己想往哪个方向发展。

有目标并敢于坚定地往前走，机会来临时，就不会错过。

04

有人说人生是一场马拉松，我觉得这还不够形象，把它比喻成由一些短跑组成的长跑，更为合适。

有些人起点低一些，一开始跑得慢，有没有影响？有。但是人生中的每一段短跑比赛都很重要。因为只有坚持到最后才是赢家。

只领先了开头几段短跑，不够。而一开始起步慢了，也没有关系，只要你不停止努力，你的未来还有很多次机会迎头赶上。

是什么拉开了差距？除了选择以外，最重要的就是工作态度和学习能力。这个差距不是一天形成的，而是经年累月带来的结果。

人生从来没有不劳而获。

工作中的学习能力决定了你的人生高度

工作中的学习能力至关重要，这一点毋庸置疑。但是，常有人认为学历等同于学习能力。认为学历高的人，就代表学习能力强；反之学历低就没有学习能力。这样的观点有误区，学历和学习能力有一定的相关性，但是并不能画上等号。

01

由于工作的需要，我结识了很多优秀的人。他们不一定是学历高的人，但是都通过超强的学习能力，在事业上取得了不凡的成就。

我认识的几位在自媒体界很出名的朋友，一位是中专毕业，另一位是大专毕业，还有一位毕业于二本学校。如此学历，怎么说都不值得骄傲，但这毫不妨碍他们取得成功。

比起同龄人的收入和事业上所获得的成绩，这几位自媒体的朋友，可以说是“一骑绝尘”。

另一位朋友，他虽然是研究生毕业，但是当年他考研究生的时候，所有人都不看好，因为他学得太差了，大家认为他绝对考不上。而他靠着一股拼劲儿，硬是考上了研究生。

毕业后，他没有从事和自己专业相关的职业，而是选择了创业。现在公司发展迅猛，正准备上市。

有一次，我带着几位外国人去参观他的公司，他一句英语也说不出。我笑话他说："你不是高才生嘛？"他摸着脑袋说："读书时就没认真学过。"

他在事业上取得成功的关键，不是他在学校里学到了什么，而是他在毕业之后还一直保持了对目标"死磕"的学习能力。

事实上，这几年我认识的成功人士，他们取得的成就，无一不是在"社会"这所大学里习得的。

02

我是一个学习能力很强的人，这一点我也是从前任老板口中得知的。

几年前，她想启动一个新项目，于是从外面招了一些专家进来，结果这些专家都水土不服，没坚持几个月就先后撤退了。

后来她转念从内部选拔，选了我来做项目负责人。我成了第一个吃螃蟹的人。

我没有让她失望。等我把业务做到蒸蒸日上之后，有一天她不无得意地对我说："你知道我为什么选你吗？因为你是我见过的学习能力最强的人。"

那一次，我才知道，我竟然PK掉众多名校高才生，被贴上了“学习能力最强”的标签。

事实上，我并没有考到心仪的大学，加上对专业不感兴趣，大学几年里，我亦虚度了不少时光。也因此，毕业之后，我的起步并不高。

但是我并没有因此而气馁。工作十多年来，我靠自己的努力，从小公司跳槽去了外企，然后短短几年就做到了高管的位置。

我的几次跳槽，每一次都跨了行业，跨了专业。

俗话说，隔行如隔山。到一个新领域，专业和产品全都是陌生的，而客户和人脉更是“两眼一抹黑”。如果不能让自己尽快熟悉，就会陷入被人排挤的被动局面。

的确，每一次，我都不出意外地感受到了怀疑的眼光和背后的非议。

但是每一次，我都只用了很短的时间适应新环境，然后，迅速崛起。

这也是前任老板认为我学习能力很强的原因。全公司没人懂这个业务，没关系，她相信我能很快学会；犯错了，没关系，她相信我能从错误中学习成长；被人质疑，没关系，她相信我会用事实证明，谁对谁错。

这些年来，纵观身边所有成功和失败的例子，几乎可以得出一个结论：真正的学习能力，虽然和经验、学历有一定关系，但是最重要的因素，是你如何在实践中不断成长。

那么，如何能让学习真正为自己所用，培养在工作中的学习能力呢？

03

首先，关于知识和技能的习得，请记住“721定律”。

有人统计过，掌握一门技巧，70%来自行动中的领悟，20%来自在做的过程中，别人对你的指导，剩余10%来自课堂或者书本。

我的一个朋友，在投资领域很出名，过去几年他获得了近700%的投资回报率，身价超过10亿。但是，在这之前，他是从事市场营销的，和投资并没有什么关系。

我问他：“你并非学投资出身，怎么在投资这块做得这么牛？”

他说：“我之前也没有专门学过。我只是去做了，然后取得了成功，之后才潜心钻研，不断复制成功经验，过程就是这样。”

所以，在实践中学习，是掌握知识和技能最有效的方式。

你一定有过这样的体会，听了很多课程，听的时候觉得很好，可惜，听完就忘了。买了一本书，看的时候觉得受益匪浅，然后就没有下文了。

为什么？因为你没有输出，缺乏实践。这是最根本的原因。

我同学想开公众号，于是去学写作，写作课报了不少，但是一年多过去了，公众号还是没开始做。问她，还在等什么？她回答说，我觉得我的写作水平还是不行。

我看她的公众号是开不了了，不去行动怎么能得到真正的提高？

所以，如果你真的想提高自己的学习能力，除了课堂、书本、他人指导的输入过程，请不要忘记最重要的环节：输出和实践。从某种程度上来说，输出比输入更重要。

所以我所举办的所有训练营，都非常强调思考、讨论和输出环节。因为只有输出和行动，理论知识才会为你所用。

陆游在《冬夜读书示子聿》中写道："纸上得来终觉浅，绝知此事要躬行。"

如果想要深入理解其中的道理，必须要亲自实践才行。

其次，学习要有目的性。这比盲目学习和坚持更有意义。

很多人都说，学习很痛苦，得咬牙坚持。

通常，持有这种观点的人，我个人认为他们学不好。

你不妨回忆一下，如果做一些很有意义的事时，坚持起来更简单，你也更能做好？而那些让你觉得痛苦的事，往往都坚持不下去？

成年人的学习，要赋予它一个意义。也就是你学会了，对你的人生有什么帮助。

你再不能像读书时期那样，为了考大学，为了考试通过而学习，为了学而学。

在做一件事之前，如果你能想清楚，这件事对你而言有重要的意义，你就拥有了坚持和努力的驱动力。

我做自媒体，都是利用业余时间来做。白天上班已经够忙够累的了，晚上回家还要照顾孩子，等孩子睡了，才用宝贵的时间来写文章。

家人半夜起床，看到我书房夜灯长明，总劝我不要太累。但是我却并不觉得有多苦，我也不认为我在苦苦支撑。

因为我在拓展自己的多重竞争力，而且能用文字影响到很多人，对我而言也是一件特别有价值的事。

正是因为我赋予了它非同凡响的意义，所以我去学习如何写作，如何运营自媒体，而坚持对我而言，也是水到渠成的事。

我教学员演讲时常说，你不能因为看见别人学你才学，这样你的动力不够，你应该找到学习的意义。如果你知道学会演讲能让自己表达得更为自信，再也不会在众人面前说话出丑，能够成功地获得心仪的工作，能够在汇报中让自己脱颖而出，得到升职加薪的机会，你就会更用心学习，效果也会更好。

所以，不要为了学而学，而是为了一个明确的目的去学。当你赋予它一个意义时候，你学起来就会动力十足。

最后，掌握技能最快的方法就是刻意模仿。

我过往的几次飞跃，都和跨界相关。跨界到通讯领域，实现了我的职场飞跃；跨界到电商领域，让我成为市场热门人才；跨界到自媒体领域，我得以成功打造“斜杠力”。

但是，不得不说，每个新领域的初期阶段，都是异常艰难的。

从不熟悉到熟悉，需要经历一个非常笨拙的过程。而这段艰难时光，因为屡受挫折，找不到突破口，有时真的会让自信心受到打击，导致半途而废。

这个时候，有没有学习能力，带来的结果就是天壤之别的。

很多人采用的，也是最不可取的一种做法，就是闭门造车，只知道埋头苦思冥想。一边孤立无援，一边焦虑到夜不能寐。殊不知，这样做只会让自己陷入死胡同。每个人的思维，知识和眼界都有局限性，很多时候想是想不出来的。

正确的做法应该是，你不能盯着问题看，得去找到解决问题的钥匙。那么去哪里找？

答案是这八个字：接近标杆，借鉴模仿。

我做新项目的时候，大家都不知道怎么做。可是目标压了过来，公司高层每个月都要看到结果，压根没有喘气的机会，这时怎么办呢？

于是我走了出去，去拜访客户了解情况，然后请客户介绍市场上做得最好的品牌以及联系人。

我找到这些优秀的先行者，登门向他们虚心请教。一开始笨拙地模仿他们成功的方法，等熟练掌握后，再不断更新自己的经验。

不出3个月，我就熟练上手了。

做自媒体我也采用了同样的方法。当自己陷入瓶颈时，我就去参加培训，参加同类社群和圈子，找到那些做得很不错的同行，向他们请教，跟着他们学习。

不会写文章？我把火爆的文章找过来，一个个进行拆解，找到他们写文章的方法，然后刻意模仿，直到掌握了规律。

不懂就去问，三人行必有我师。

去混行业圈子，接近业界优秀的人，然后虚心请教，研究并借鉴别人成功的经验，发现规律，然后总结出自己的做法。

最怕自己不成功，还看不上别人的做法。

04

学历是事业起步的敲门砖，学习能力才是终生的核心竞争力。

社会是一所最好的大学，作为这所大学的一名学生，你的任务就是终生学习：从书本学，向他人学，在做中学。

当你养成了通过学习能力来解决问题的习惯后，你就会渴望不断接触新事物，不断升级自己的打怪能力，这也是拉开你和别人之间的差距的关键原因。

而此时的学习，再也不是一项艰辛的任务，而是一种乐趣，一种在学习中成长的成就感。

正如美剧《Hero》中所说：“学习能力强的人，在任何领域都会很强大。”

有哪一份工作，没有100次想辞职的冲动？

01

有一次和朋友聊天。朋友的公司做得很大，一年光交税就上千万。说着说着，他突然说："这日子过得太累，接到生意就开始担心人手不够，接不到生意又发愁公司的下一步。刮风下雨害怕仓库被淹，销售旺季又焦虑钱不够周转。总之没有一天是心安的。心里想过一百次不干了，但是又放不下几百名跟着自己打江山的兄弟。"

我心里暗忖，没想到做企业做到如此大的规模，也有不想干的时候。

几乎身边所有人，都有过想当逃兵的念头。再完美的工作，也有不顺的时候。当累到无可复加，当遇到重重困境时，你心中是否也涌现过无数次这样的话，老子不干了。

只不过有的人咬着牙坚持下去了，而有些人真的就放弃了。

02

前段时间我高中同学在微信里找我，她说她现在赋闲在家，问我是否有工作介绍给她。我很纳闷，怎么她又辞职了？谈到这个话题，她犹如打开了话匣子。

她说老板很抠门，赚了很多钱，却不给她涨工资。她说老板忘记了当年最困难时，是谁在他身边辅佐他，帮他渡过难关。但是当公司业绩蒸蒸日上后，老板高薪聘请了很多大将，而她却被削权。她不爽，二话不说就辞职了。

我不由叹气。我的这位高中同学毕业于名牌大学。刚毕业时她被一家大型外企聘为管理培训生。那时我真的很羡慕她。我拿1500元工资时，她已经拿5000元工资。她的起点比我们所有人都高。

但是之后就听她频繁地辞职和找工作。第一次辞职是她想从市场转做销售，但是公司没有空缺，她不喜欢现在的工作，干脆辞职不干了。第二次是她向老板提出涨薪的要求，老板不同意。她为此愤愤不平，于是辞职。第三次是她想要小孩，但是单位实在太忙，她担心这么忙碌不利于备孕，所以回家专心调养身体。

每一次她都有充足的理由支持她辞职的决定。她想辞就辞了，但是她却从不考虑自己下一步该做如何打算。她活得很任性，但是她的事业发展也一次比一次更差。

生完孩子后，她用了3年才找到新的工作，而且还是靠朋友介绍。

用人单位看见她的简历都摇头，她的每一份工作只有2年甚至更短的时间，而且工作与工作之间总有一段空白时间。用人单位质疑，她为何如此跳跃？为什么工作经历不连贯？她也因此被多数工作机会拒之门外。

她不理解，自己好歹是名牌大学本科毕业生，在大公司工作过，而且能力也不差，为什么找工作这么难。

我对她说："这世界上哪有一份工作是不辛苦的呢？你最大的问题就是太轻易说放弃。"

03

我曾经招过一名经理。她面试时，无论在哪方面都表现得非常出色。我对HR说："这个人才我势在必得。"但当我看到她原有工资时我惊呆了，低得让人难以置信。很明显前一家公司在待遇上对她不公。

她加入我们公司后，果然不出所料，表现得非常优秀。我们熟了后她对我说，很感恩公司对她的器重，给她公平的待遇。我问她，原公司的工资那么低，为什么还做了4年之久？

她说，她作为管培生从外地来到公司总部，从业务代表做起一步步做到经理的位置，在公司的产品大卖上做出了很杰出的贡献。但是公司鞭打快牛，认可她却一直不给她涨工资，她感到非常委屈，哭了很多回，也曾无数次想过辞职不干。

可是她并没有任性赌气，依然十分努力地工作。她觉得一方面在公司还能学到很多东西，另一方面，她相信当自己羽翼丰满后，一定会找到赏识她的伯乐。所以她不断地努力，提升自己的实力，并积极寻找新的机会。最后她终于实现了自己的目标。

04

没有一份工作是完美的，正如没有一种人生是十全十美的一样。你看到的那些无比光鲜的工作背后，都是一部奋斗史。

刚工作那段时间我接触过一些顶级公司的咨询顾问，那时特别羡慕他们可以全国各地飞，住五星酒店，衣着光鲜出入高档场所。我当时想如果有一天我也可以这样就好了。

深入接触后才发现，他们的工作只可以用“辛苦”两个字来形容。虽然收入颇丰，但是生活的乐趣仿佛已经和他们远离。城市对他们而言只代表着酒店和项目，下班时总是披星戴月。有几个顾问对我说，他们生活的最大乐趣竟然是酒店积分和飞机里程积分。

当我认识越来越多不同的人之后，我深深地意识到，几乎没有容易的工作。员工有员工的艰辛，老板有老板的不易。

有谁不是一边心里哭着辞职不干，一边咬牙坚持的呢？说放弃很容易，但是那些动不动就放弃的人，真的有想过这样做的后果吗？

每一份工作经验都需要时间的积累，只有花时间深入下去，才能成为一个领域的专业人士。当你做出成绩后，相应的人脉就建立起来了。

但是，如果动不动就放弃，你那些所谓的经验都只不过是懂了些皮毛而已，并不会为你带来增值。你的时间在一次次轻易放弃中浪费掉了。

同时，所有用人单位都会很注重员工的稳定性，没有人喜欢招一个动不动就跳槽的人。

对于企业而言，培养一个员工花费大量的成本，新员工在加入公司一年后才会发挥越来越大的作用。如果员工过去的经历是工作频繁变动，稍有经验的HR都不会青睐。因为再有能力也不能为他们长期所用。

如果两段工作之间总有空白时间，那自身价值将进一步打折扣。

企业会怀疑你为什么没有找到下家就贸然辞职？是不是有不光彩的原因？如果没有，那你可能心智不成熟或者比较任性。无论从哪个角度来看，企业对这类人都会十分慎重。

05

坚持是一种习惯，放弃也同样是一种习惯。

如果总是一遇到困难就轻易放弃，那么久而久之就会形成一种习惯。无论是工作也好，做事也好，都会给自己的放弃找到理由，从而变成一个一上场打仗就逃跑的逃兵。

当你工作不顺，冒出辞职念头时，不妨问问自己，这里真的没有坚持下去的理由了吗？我是一时冲动还是深思熟虑？离开后我有更好的选择吗？

海明威说过，每一个人在世界上都要受挫折，有许多人反而在折断的地方长得最结实。

“我拿了13个月的裁员赔偿金，却发现自己一无所有”

01

半夜接到一个电话，是一位久未联系的旧同事Y打来的。

她问我，最近有没有什么好项目可以做。

我不解。她说，这几年公司业绩不好，年年都在搞裁员。这不，今年裁到她头上了。

她接着说，她在公司工作了11年，裁员时赔给了她13个月薪水。现在她拿着这笔钱，不知道该做点什么好。

我恭喜她。我知道她做得很不开心，多年来一直如此。现在拿了13个月的月薪的赔偿，终于脱离苦海了。

她摇头说，其实不是。虽然都做得不开心，但是公司鼓励大家拿裁员赔偿时，没有人敢举手。因为不知道离开了公司，还能去做什么。

她被裁后，对于未来感到很迷茫，咨询身边朋友该怎么办。答复五花八门。

朋友A ，一个自由职业者，说：“你出来了就再别回去。现在大公司打工没戏，外面的世界太精彩。”

朋友B，一个外企白领，说：“你赶紧的，趁着年轻，去找下一家。再搏杀十年。”

朋友C，一个在京城有别墅的退休外企高管，说：“在家好好休息，什么都比不上健康重要。”

她越听越懵，于是打电话给我，问我她应该怎么办?

她说，今年38岁的她，突然感觉自己一无所有，后悔当年没有给自己找一条退路。

02

Y一直在知名外企工作。几年前我去北京出差，去过她的公司，一个世界顶级的科技公司，办公室在鸟巢附近的超甲级写字楼，高楼大厦看起来很炫目，风光无限。

这几年她做得很糟心，尽管天天想骂娘，但是她不想领裁员补偿。她被裁可以说是意料之外，也是意料之中。

墨菲定律告诉我们：如果你担心某种情况发生，那么它就更有可能发生。

现在在职场被裁真不是什么新鲜事。世界发展那么快，公司跟不上环境的变化，为了活命，保住利润，最常见的手段，就是减少员工数量，控制成本。

别的不说，我自己就亲眼见证过几家巨头衰落。这些曾经的行业翘楚，说不行就不行了，快得难以相信，一下子树倒猢狲散。

当公司业绩下滑严重，不得不进行大规模裁员时，你就会发现，有些人虽然拿了裁员赔偿，但是很难再去找到一份合适的工作。有些人用了足足几年才找到新的工作，而有些人只能退而求其次，要么远离故乡，要么屈尊下就。

所以，在职场的员工，所谓光环，从来都是公司给予的。当没有能力自带光芒的时候，一切都会显得十分被动。

搞清楚这本质的一点，才能学会提早为自己打算。

03

我问Y：“你早知道公司效益不好，不停地裁员，为什么不早一点做准备呢，比如看看外面的机会，或者加强学习，提升综合能力？”

她说：“每天上班忙得不得了，加班是常事，回到家已经瘫了，别提做事了，想都没有力气。”

她见我沉默不语，又接着说：“现在想来都是借口。其实再忙，还有周六，更何况也不是天天加班。”

现在的她，年龄和能力上没有竞争力，没有自己的兴趣爱好，没有工作以外的经验积累。

她想投资一些项目。我告诉她：“做生意，赚钱很难，亏钱很容易。自己不熟悉的，最好谨慎一些。”

Y挠头："没有熟悉的呀，怎么开始呢？"

这可真是一个世纪难题。看见Y，我不禁想起了我的另一位同事M。

有一天晚上大概9点，我有一件事问以前的同事M，发微信过去，好久才收到回复。她说，不好意思，还在公司加班。

M告诉我，最近公司管理层大换血，新老板十分激进，她们整个团队，天天加班到深夜，也做不完。

等她空下来，我们通了个电话。

M不是一个爱抱怨的人，但是那一次也忍不住了。她说这样下去也不知道还能做多久，今年调薪只加了3%，没钱就算了，还忙得颠三倒四，连4岁儿子的生日都错过了。

我问她，下一步有啥打算。她说："还能有什么打算，正在外面看新的工作，不过看了一圈，好像也没有什么机会。"

我劝她："你才32岁，可以现在开始为自己的未来做一些积累，比如持续不断地学习，或者拓展一些工作以外的能力。"

M的理由和Y一样：太忙了，没时间，找不到兴趣点，不知道自己还能做什么……

我发现，那些被现状困住的人，都有一个共性：想到的永远是困难，天天对自己说：我不行。自己给自己设了限。

04

对于Y和M这样，在职场拼命赛跑，却怎么也跑不出来的人，比比皆是。他们未来的机会在哪里？

在我看来，想摆脱困境，无非就是两条路：

第一条，对自己忠诚，为自己工作。

如果想提升职场能力，最重要的是摆正心态。摆脱打工心态，取而代之的是为自己工作的心态。

这两种心态有本质的不同。

打工心态，你会陷入“当一天和尚撞一天钟”的状态，你不会去想提高自己的能力，而是想着完成本职工作就好了。即使加班重复劳作，你也只会抱怨，却不去想如何改变。

为自己工作的心态，你考虑的是，如果这项业务是我自己的，我会怎么做？你会致力于提升自己的能力，你会认真地对待身边的人和事。你会一直考虑，如何才能不断提升自己的竞争力。

对自己忠诚，为自己工作的人，长期下去，在能力上一定会比一般人高出一截。而且这种人会不断求变，永不满足于现状。

第二条，为打造多重竞争力而进行能力积累。

这是一个需要建立个人品牌的时代。你的价值是否完全依附在企业？还是你自己本身就具有品牌价值？

如果你只是组织中的一颗微不足道的螺丝钉，那么当大环境发生变动时，你就会非常被动。而当你本身具有价值，也就是拥有脱离组织也能活得很好的能力，你就不会惧怕风雨。所以我常提倡大家应该趁年轻，不断积累多重竞争力。你需要思考，如何打造自己的职场外竞争力，从而让自己生存得更好？如何未雨绸缪，提前为自己的未来进行能力积累？

Y和M们总说，我没有时间。事实上，真的没有时间吗？你所有的工作都是高效率的吗？你敢说自己没有浪费时间吗？

如果真正懂得约束自己，管理自己，时间会比你想象得要多很多。在认真做好本职工作之余，把下班后的时间投入到打造自己个人价值上去，这才是真正有意义的事。

我以前的下属，一个在市场推广方面很有能力的女孩。她常和广告公司一起策划宣传方案，下班后的时间都花在了品牌创意研究上。她做了很多漂亮的case，在业界打响了名声。后来很多广告公司主动找到她，请她去做营销顾问。她给自己定位的标签为营销创意专家，逐渐建立起自己的个人品牌。现在，她的价值已不再完全依附在组织上，她拥有了离开企业也能活得很好的能力。

我的一个同事，她是项目总监，也是健身达人。白天她非常努力地工作，带领整个部门成功地完成了一个又一个的项目。下班后她就去健身中心执教。连着三年她都是那家健身中心最受欢迎的教练。她对我说，她的客户很多，她正在积极筹办自己的健身工作室。如果一切顺利，她就会辞掉正职，全职从事自己喜欢做的事。

很多人都说，道理都懂，但是不知道怎么开始，也不知道自己的兴趣点在哪里。怎么办？

你必须要从现在开始寻找。是的，现在。一年找不到，两年可以吗？两年找不到，那就三年。

只要你带着这个目标多去尝试，你就一定会发现自己的兴趣点，然后通过打造自己的优势和特长，成为某一个领域的专家，拥有多重竞争力，从而实现你的个人品牌价值。

而这些，你都可以利用业余时间来实现。自律和对自我能力的投资，永远是最有价值的。

我们今天所有的努力，都是为了打造更多竞争力，从而拥有更多选择的权利。

种一棵树最好的时间是十年前，其次是现在。

对于Y和M，如果他们想有一个更好的未来，无论做何种选择，有一点都不会变，那就是从今天开始，为自己的个人能力做积累。

没事别瞎跳槽，这3句话让你少走弯路

很少人会对现在的工作十分满意吧。很多人在对工作不满意的时候会想到跳槽。有人通过跳槽找到了自己心仪的工作，也有人因为跳槽而陷入被动。工作变动不是一件小事，每个人在辞职这件事上，都应该十分谨慎。

那么什么情况下，你应该辞掉现在的工作？

01

如果你和你的老板“三观”极度不和

老板可以说是决定我们职场命运的人。如果能遇见一个理解和尊重员工，愿意栽培员工的老板，那绝对是一件很走运的事。

一个老板可以成就员工，也可以毁了员工。

职场里流传这样一句话：没有差的公司，只有差的老板。

这也是作为下属最被动的地方，你没有办法选择老板。

如果你不幸遇见了一位水平较低的老板，在否定老板之

前，我建议你做这3件事：

1.确保你对他的评价是客观事实，而并非你主观臆断；

2.确定他不是对你一个人有偏见，不是只针对你一个人。（如果他只针对你，那你就需要自我检讨了。）

3.你主动对你们之间的关系进行了最大努力的改善，但是毫无用处。

如果你仔细分析完上述条件，仍然认为和你的老板三观不和，无法忍受被他指挥，那么你可以考虑离开了。

和一个自己不认可的人一起工作，是一件很消耗生命的事。但要记住两点：

1.不要去向你的上司的上司投诉

这样做没有什么意义。一来这有违职场之道；二来和和气气收场也是给自己留条后路。

2.不要抱着受害者的心态离开

离开是你的决定，你要对自己的行为负责。没有必要带着仇恨或者无奈离开。5年后你再回头看看，会发现那些你曾经讨厌的人，在你的生命中轻如鸿毛，不值得一提。

02

如果你从事的行业，整体环境越来越差

有句古话："覆巢之下，安有完卵。"意思是整体遭殃了，个体也不能保全。

如果你从事的业务，一年比一年下滑，每个月提升业绩都十分困难。那么你就要慎重考虑你的职业未来了。

俗话说，男怕入错行，女怕嫁错郎。这句话放之四海而皆准。

如果让我选择职业规划最重要的一点，我认为“行业”是第一关键要素。

我的朋友10年前浙江大学毕业，当年优秀的她过五关斩六将，成为某知名制造业外企的管培生。而她的同学没被选上，不得已加入了阿里巴巴。

结果呢？我不说你也猜得到。制造业开始衰退，阿里巴巴一飞冲天。

问题在于，我们没有一双慧眼，如何看到未来趋势？

怎么办？

其实根据你所处的行业现状，你也可以进行大致判断。

中国的经济仍在高速发展，在这样的经济体下，如果仍然长期经营困难，这要么是领导水平有限，要么是大方向有错，要么是产品不具有竞争力。总之，任何一个因素都不利于员工的发展。

公司业绩不好，气氛就势必紧张，不大可能有太多钱来提高员工薪资，在员工能力的培养投资上也会捉襟见肘。

你看不到未来，但是你可以抓住当下。

在一个日落西山的行业里工作，你很难得到更好的发展。

趁还年轻，还有潜力可以挖掘，去找那些蓬勃发展的领域吧。

但是，在做出判断前，你需要考虑下列两个因素：

1.你所处的行业，是长期经营困难，还是短期遇到挫折？（这个长期应该是最少两年以上。）

2.你所在的部门是否受公司整体影响很大？（公司或者行业虽然不景气，但是某些新兴职位却生机勃勃。比如新媒体、数字营销、电商等。）

如果A公司的工资比B公司的要高30%，但是A公司的经营状况较差，而B公司的前景更好。5年后哪一家公司的工资会更高呢？你会选择哪一个？

在我看来，这个选择并不困难，当你用发展的眼光看待未来时，孰优孰劣就一目了然了。

虽说凡事没有绝对，但是水涨船高，这是大概率事件。

03

如果你长期厌倦现在的工作

每天早上闹钟响起时，你是一想到去上班就生无可恋，还是满怀期待满心欢喜？

不喜欢现在的工作怎么办？这是很多人面临的一个很折磨人的问题。

稻盛和夫曾经说过，让自己爱上工作，仅这一点就能让人生硕果累累。

所以，当我们对工作心生厌烦时，通常都需要给自己打气、加油，努力工作，不是做自己所爱的，而是爱上自己所做的。

这样的方法有效吗？

让我们来辩证地看待这个问题。

如果你从事的是一件很有挑战性的工作，如果你只是遇到了一些工作上的困难，如果你的工作充实又忙碌，只是偶尔觉得倦怠或者有压力，那么这样的打气就是很有必要的。

让自己全身心地投入到工作中去，你可以在磨炼中成长得更快。

这个世界到哪里去找既轻松又高薪且前景光明的工作呢？很难。

所以任何工作都不容易。但是，你要明白，你面临的挑战越多，你付出得越多，你成长得就越快。

所以，如果你不喜欢现在的工作，那就努力让自己喜欢上吧。

但是，从另一个角度来看，你之所以会厌倦现在的工作，往往是这些因素造成的：

1.你的工作只是简单的重复性劳作，不需要动脑子，只需要熟练操作。

2.你已经在同一岗位做了几年，你闭着眼睛都会做。现在所做的和几年前所做的没有不同。

3.你学不到任何新东西，看不到职业前景。

4.你身边的同事人浮于事，不思进取。

如果是上述这样的情况，再让你爱上现在所做的工作，意义就不大了。

很多人在这种环境下，还自我感觉良好。这工作多么简单舒适呀，不用动脑就能每个月拿工资。

网络上流行一句话叫，你的死工资正在拖垮你。其实，死工资是不会拖垮一个人的，但是舒适圈却会。如果你的死工资是年薪200万，你还会被拖垮吗？

舒适圈不仅不会让你前进，还会让你后退。随着年龄的增长，如果你的能力没有增长，你的竞争力就会进一步被削弱，这就是倒退。

刚才说过，判断一份工作值不值得做，要用发展的眼光看待。当你把目标放长远时，这两个重要的字就出现了：成长。

无论你现在多少岁，无论你现在工资多少，都要想办法在工作上得到成长。这样你的价值才会随着年龄的增长而提升。

如果你的这份工作只是给了你一份收入，而你在工作上的能力得不到提升，你的办公氛围腐朽且办公室政治横行，你的同事言行消极负面，这样，你就可以考虑寻找下一个机会了。

最后，我还有一个忠告。

不到万不得已，不要辞掉上一份工作后，再找下家。这样的做法太任性。

你找了100个理由来辞掉工作，但是如果你一时半会儿找不到工作，面临经济压力，再找工作时，就会重蹈覆辙。

为什么？

因为心态不好，因为饥不择食。

而用人单位看见你现在没有工作，也会更加犹豫。他们一方面会质疑你的能力，一方面会压低你的薪水。

所以，明智的做法是："骑驴找马"。

如果你对现在的工作不满意，经过详细分析认为有必要离开，那么请给自己一段较为充分的时间，记住，是充分的时间。

准备简历，联系猎头，找工作，投递简历，面试……这些都需要时间。

你给自己预留的时间越宽松，你就越从容不迫。

最后还有一句话：积极寻找新机会，但是在机会未到来之前，一如既往努力工作，做好它！享受它！既然迟早要走，何不珍惜当下？说不定，你会因此得到意外收获。

你还在单纯地相信是金子迟早都会发光吗？别傻了

我以前有个同事，加入公司大概两年后提出辞职。他进来时是我面试的，当时他对业务和行业的理解给我留下了非常深刻的印象，我几乎毫不犹豫地决定聘用他。

但是他来了之后，沉默寡言，每一次团队开会讨论，极少听到他的声音，日常也几乎看不到他的曝光。

有一次市场部想对某个业务做进一步的探讨，邀请了他参加。由于那次参与讨论的人员很少，他比较大胆地分享了自己的看法。那次会议震惊了市场部经理，她跑过来对我说："你这位下属很厉害哦，他对市场的洞察让我刮目相看。"

于是我让他的经理给他分配更多的业务，希望他能够抓住机会崭露头角。但是他依旧我行我素，不太会和上司交流，也几乎不怎么讲自己的工作进展和建议。就这样，他的形象在我眼中又变得模糊了。

年终回顾时，经理和我提起他的表现，他说这个同事其实很懂业务，但是他比较喜欢自己闷头工作，不太懂得和别人交流，也不会利用团队的力量来共同解决问题。

尽管经理夸他工作很努力，而且能力也强，可我还是对他没有感觉。因为他几乎从不主动和我沟通，我也不觉得他出类拔萃。

他离开的时候，我们进行过一次交流。他感觉在这里发展受限，不受重视。我问他："你有没有反思过，为什么会不受重视呢？"

他沉默许久，说："我相信我的能力，我每天也都很努力，只是我不太愿意去show自己，我总觉得只要够努力够优秀，就有人会看见。但事实证明，我这种方法并不成功。"

上面这种情况，你是否觉得熟悉？你可能认为自己是公司最努力的那一个，加班最晚的是你，干脏活累活的是你，业绩最好的是你，但是晋升和加薪却轮不到你。和你同期进公司的人，也许几年后已经比你领先了很多，而你仍然在原地踏步地埋头苦干。

出现这种情况公平吗？可以说不公平，也可以说公平。一个人再有能力，如果不会展示自己，不会利用团队的力量，那么他/她就很难被发现。因为被沙土埋起来后，就算是金子也不会为人所知。

要想在职场中脱颖而出，每个人都需要学会两个技能：

1.寻找曝光机会，刷存在感

你要明白，在职场里，只是众多普通职员中的一名。你很努力，别人也没有偷懒，你很能干，别人也不差。那么你要如何才能脱颖而出呢？

靠默默努力，等着被人发现，这实在是一种非常被动的做法。要知道，企业里有这么多员工，我们只是其中之一。我们凭什么能吸引别人的关注呢？

所有在职场中跑得快的人，都知道一个秘而不宣的道理，那就是，积极主动地展示自己，刷存在感。如果一个本身就很优秀的人，懂得在众人面前展示自己，懂得时不时将自己的成功案例分享给大家，懂得有意无意地让老板看到你的杰出表现，那你在别人眼中已然不同。

是金子，就要敢于自己跳出来告诉大家，嗨，我做了一些很棒的事，我愿意和你们分享，希望我们相互学习共同进步。只有这样，才能被人看到闪光点。

很多人会觉得不好意思展示自己。其实show出自己优秀的一面，并不是在炫耀，而是将自己的成功经验分享出来，给别人带来启发。乐于分享和学习的人，会给老板和同事留下深刻印象，会比一般人成长得更快。

2.和团队合作，扩大自己的影响圈

在职场中如果不懂合作，注定上升通道有限。有些具有小聪明或者基础素质不错的人，比较容易在初入职场时取得一些成绩。但是随着职位的上升，不会合作将成为职场发展的天花板。

事业发展很好的人，随着职责越大职位越高，都会倍感知识的局限性。没有人是全才。那些认为自己无所不知无所不能的人，要么就是负责的领域狭窄且没有变化，要么就是目光短浅且能力有限。

只有和团队合作，才能集合不同的意见，从根本上解决自

己见解片面的问题，从而创造利益最大化。

积极主动和团队合作，还有深层次的策略意义。

当你一个人单打独斗时，你的成功是属于你自己的，和他人无关，你无法得到别人的祝福。众人看待你时，往往抱有旁观者心态，或者羡慕嫉妒甚至恨。

当你失败了，那是你自己的事，和他人无关，搞不好还有墙倒众人推之趋势。

可是如果你会主动和团队合作，邀请更多的人加入到你的工作，你听取别人的意见，并在各种场合鼓励和赞赏别人对你的帮助的话，你其实就是在营造一种圈子，即你和他们是一个荣辱与共的共同体。

当你成功了，军功章有你的一半，也有别人的一半。当你失败了，没关系，我们大家共同来承担。

身为职场人，无论能力高低，都要学会利用团队的力量。能力弱，团队成员会给你更多的帮助；能力强，邀请别人一起参与，团队成员会对你更加认可。

当团队和你紧密工作时，你的影响圈就逐渐扩大，你的个人口碑和曝光度也会得到迅速提高。越多人知道你认可你，你的优势就越能得到放大。

那些觉得自己有能力，却郁郁不得志的人，总是认为没有遇到伯乐，或者受到不公平待遇。

其实成功受到很多因素的影响，你有没有积极主动寻找展示自己的机会，有没有用心经营人脉来帮助你，都是成功的关键因素。与其纠结外因，不如认真反思自己的方向是否走错。

不要再相信是金子迟早会发光的话。缺少周围环境的照射，光芒从何而来？不主动，你就无法被发现。

和领导相处这8个雷区，你踩中了哪个

身在职场，我们就要掌握与上司相处的学问。从某种程度上来说，你的职业前途是由你的领导决定的。因为你必须得让他满意，你才有机会升职加薪。

自己的命运受别人控制，这听起来有点沮丧。但没办法，现实就是如此。

所以放弃你那些幼稚的想法吧，不要以为埋头苦干就一定会有出头之日。当然领导都喜欢努力的员工，但很多时候光凭努力是远远不够的。

我在管理者的岗位上也算是摸爬滚打了多年，亲眼见证了很多员工，由于处理不好和领导的关系，最终以“受害者”的心态出局。

职场的确是个很复杂的地方，才能固然重要却又不是全部。如果不能和领导很好地相处，你的才华很难得到展示。而且如果缺乏信任关系，你的工作将会比别人更难得到开展。

和领导相处重要吗？ 我相信绝大多数人都会点头。

和领导相处容易吗？我相信绝大多数人都会摇头。

既然重要又不容易，那么我们接下来看看，普通员工在和领导相处时，都会踩中哪些雷区。

雷区一：见到领导绕道而行

很多人觉得领导高高在上，很怕和他们交流。担心在交流环节出什么岔子，反而留下负面印象。还有些人会认为和领导走得近有拍马屁的嫌疑，自己不愿成为那个“马屁精”。

这些都是错误的观点。你想想领导下面那么多员工，如果你总是躲在一旁的话，人家又怎么可能额外注意到你呢？

你想让自己成为“被遗忘的角落”吗？那你就尽情躲避吧。

雷区二：在领导面前阿谀奉承

史上最大的误解之一，就是阿谀奉承有利于拉近和领导的关系。一味奉承和附和除了满足领导的虚荣心外，对他们并没有意义。

稍微有点水平的领导，需要的是有能力并且诚实可靠的人。他们知道阿谀奉承的话听听也就罢了，但不会因此而器重一个人。

那些总说领导伟大，领导英明的人请醒醒吧，这样的做法只会让自己显得卑微。

雷区三：永远等待被动交流

很多人渴望和领导交流并得到赏识，但却像一个待嫁的黄花闺女一样，只会被动等待。

要知道现在这个时代，你不主动出击，是没人来理会你的。

你心中有个很好的建议，但是你一直憋在心里，期望领导突然有一天来找你，你就可以提出来。很遗憾地告诉你，这种事发生的可能性，非常小！

机会永远留给做事积极主动的人。如果你真的有好的表现，有好的想法和建议，你完全可以敲开领导的门，向他们主动沟通和汇报。

所有的领导都喜欢这样的方式，因为他们对了解员工和业务状况有着浓厚的兴趣。你以为领导无所不能，什么都知道？错错错！

如果你可以主动和领导交流有价值的东西，你就能给领导留下好的印象。

雷区四：没做好却想邀功

有些人知道在领导面前曝光的重要性，于是表现得很积极，无论开会发言或者和领导交流都十分主动。

这种行为本身没有错，关键在于这个人是否有能力。对于本职工作做得并不好，却想通过曝光来提升自己的人，这样的做法无疑是，搬起石头砸自己的脚！

想获得领导青睐，最重要也是最基础的要求，你得是个有能力，有真材实学的人。在有能力做出业绩的基础上，加大曝光力度，可以让你被伯乐发现。

反之，本身无能却想受到领导重视，会加速你的下滑。没能力的人请少说话多做事。

所以一定要记住，有料的曝光才是王道。

雷区五：对领导唯唯诺诺

很多人在领导面前从不敢提出反对意见。领导说的都是对的，对其安排的工作或者建议即使存有不同看法，也只会说Yes。

的确，上级之所以是你的上司，说明他们肯定有比你更为优秀的地方。所以我们要对他们保持足够的尊敬。

但这不代表你要卑微，因为在人格上你们是平等的。你需要表现得不卑不亢。

有能力的领导更崇尚多元化的视角，更希望听到不同的声音。那些有自己独立观点的员工更能引起关注。

当你真的对自己的观点具有信心时，不妨一方面肯定领导的建议，另一方面也可以尝试委婉提出自己的观点。

比如说，我觉得您说的很有道理，我还有个想法也想听听您的意见。类似这样的做法，既表示了尊重，也表达了你独有的见识。

只会唯唯诺诺的人，留给领导的印象注定是模糊的。

雷区六：和领导汇报工作啰里吧唆

领导最怕的两类人，一类是怎么问都问不出个所以然来，另一类是讲半天也不知对方在胡扯什么。

如果有一天老板走到你的面前，他随意地问你："最近业绩不错啊，你做了什么突破？"这时你唰地一下大脑一片空白，要么支支吾吾说不清楚，要么说了很久完全找不到重点。老板皱着眉头走了。这样你就白白浪费了展示自己的机会。

想避免这样的情况，平时就得不断锻炼自己的工作总结能力。

领导大都很忙，没空听你的长篇大论，因为他们平时要处理很多事情，时间很有限。如果想让领导喜欢和你交流，你就得学会少说废话，以目标为导向和高度总结的能力。先告诉领导你的结论和目标，再解释原因。而不是先说一大堆背景，却提炼不出关键点。简单来说就是，不要说“因为……所以……”而改为“所以……因为……”你说话越精简到点子上，就越能获得上级青睐。

说话啰唆的“唐僧们”都改改习惯吧，否则你还没说完，领导就离开了。

雷区七：被领导骂两句就“玻璃心”

领导从来不骂人，是好事还是坏事？要辩证地去看。不排除有领导脾气特别好的，但是多数有能力的领导都有鲜明的个性。

作为领导有责任对下属的工作进行批判和指正，越是有魄力的领导就越希望帮助员工不断进步。

被骂了两句就受不了了，那就回家哭吧。这里是职场，职场需要的是“钝感力”。如果领导骂对了，那就虚心接受好了。批评几句又不会伤筋动骨。

如果认为领导批评得不对，也不该当众顶撞，成为情绪的奴隶。你可以找个双方都放松的时机，向他们婉转地提出上一次的误解。

我刚工作那会儿，经理开会时要求大家都不看电脑，但有个同事偏要逆着来。领导比较生气地提醒他，同事自以为是地说："我正在忙一个客户的紧急订单。"他就是赌气不关电脑，让领导下不来台。会后还说领导是傻帽。没多久这个同事就离开了。

那些受不了批评，那些自认为有能力，以顶撞领导为乐的人，只能说明情商极低。反正吃亏的是自己，你看着办吧。

雷区八：工作和生活彻底分开

工作和生活能彻底分开吗？答案是：不能。当然工作和生活要有一点界限，但是将此完全分开的人没前途。

你有没有单独请领导吃过饭？你有没有主动找领导聊过天？ 我这么一问，估计你会不解。单独请领导吃饭不是明显地在拍马屁吗？为什么要和领导吃饭？和领导聊天聊什么呢？

你要知道，领导也是人，也有普通人的需求。其实领导大多也孤独。

很多领导都是自己在办公室吃外卖，当然领导很忙是事实，另外找不到人吃饭也是个事实。

我之前有个空降的上司。她刚来的时候，我每次中午经过她房间，都发现她在看电脑。于是我就叫她和我们一起去吃饭。她一开始婉拒了，但是我并没当一回事，每天我都问她要不要一起。后来她终于加入了我们。我们很快建立起了私交。

在工作上需要对上司保持尊重。在工作之余，不妨和上司聊一些轻松的话题。比如和男上司谈谈世界杯，和女上司谈谈去哪里买衣服，小孩去哪里读书等等。一方面可以放松一下，另一方面可以拉近距离。

有些人担心叫上司一起吃饭会被拒绝，还有些人觉得和上司主动接近是溜须拍马的行为。这些都是幼稚的想法。

在职位上他们比我们高，但在生活上我们是平等的。如果可以和上司建立些私交，那么你们之间就不会单纯得只有工作关系，而是存在情感因素了。

你要谨记老板是人不是神。对老板既要尊重，又要不卑不亢。既要把工作做得出色，又要学会主动和老板交流。既要在工作上建立信任，又要想办法在工作之外拉近距离。

职场是一个复杂的地方，不要单纯地认为才能是决定你前途的唯一因素。

和领导相处是一门学问，我已经把应该避免的雷区都划了出来，踩不踩看你的造化了。

遇到糟糕的上司，你该怎么办？

我和我先生认识的时候，27岁的他是一家上市公司的大区总经理。那时他年少得志，春风得意。我也不错，在一家外企做销售经理，是公司里冉冉上升的明日之星。

我们都以为会在各自企业里待上一辈子。

但是几年后，他公司的组织架构发生调整，新上任的领导个性鲜明，独断专行。他最终因为与领导意见不合，离开了公司自行创业。

我对他当时的行为不太理解，我一直和各任领导相处得很好。所以我主观地认为，怎么会有糟糕的领导，一定是他情商太低，不懂得和领导相处。

直到我怀孕后，一切发生了180度的变化。领导将我调岗到后勤部门，又在我不知情的前提下进行了降薪，所有曾经承诺的奖励在我休产假期间，全部“灰飞烟灭”。

这一连串的打击，让我深深地意识到，我们可以控制自己，但是控制不了环境。我们可以保证自己做好，但是却无法避免遇到差劲的领导。

漫长的职场生涯中，难免会遇到糟糕的领导。我也经常在后台收到很多咨询，询问如何和领导相处。

伟大的领导者可以让你的人生发光，而一个坏的领导者却会让你愤怒和受伤，其杀伤力足以扼杀你的灵魂，让你一蹶不振。

糟糕的领导者定义十分宽泛，也许是能力有限，也许品德有缺陷，也许喜怒无常，也许仗势欺人，也许言而无信。最重要的一点是，这个人和你合不来，或者让你处境艰难。

让我讲一个小磊的故事。

小磊是一名大学毕业3年的职场小白。加入公司后，他一直勤勤恳恳，虽然工作上有些粗心，但努力还是有目共睹的。有一天，原本和他平级的同事被晋升成了他的主管。这个同事能力一般，但是由于在公司资历较久，所以得到晋升。

新官上任三把火。主管开始对小磊的工作处处鸡蛋里挑骨头。小磊感觉自己做得不够好，于是更加用心工作。

几个月过后，主管突然找到小磊，提出让他转岗的要求。理由是那个职位没人做，希望小磊过去负责。但是，那个职位工作复杂程度不大，小磊过去后工资得按照市场平均工资发，言下之意就是大幅降薪。如果小磊不同意的话，只能走人。而且也由不得小磊不答应了，因为他的后继人选已经到岗了。

很明显，小磊遇见了一位不讲道理的上级。

如果你和小磊一样，不幸在职场中遭遇了类似的上级，你该怎么办？

第一步，铭记一个重要概念：无论你遇到多么糟糕的老板，你都不能把自己当成是受害者。

什么是受害者心态？

受害者心态就是任由负面情绪泛滥。也许下列行为会让你进一步理解：

感到愤怒，采取失控报复的行为；

感到沮丧，以泪洗面自暴自弃；

感到绝望，主动选择出局。

我问小磊：“你打算怎么做呢？”他说：“我太难受了，决定还是辞职吧。不想在这样的公司工作下去了。”显然，这就是一种受害者心态。

当然，小磊以逃避的方式来结束问题，这并不是解决问题的最好方法。面对不公平，小磊应该做的是，面对问题，解决问题。

所以，第一步就是，要避免受害者心态。人生当中总会遇到各种不公平和不顺利，我们应该培养出自己的“逆商”或者“挫折商”。用正面积极的态度，去看待并解决问题。

尝试问自己这些问题：

问题的根源是什么？

他为什么要如此针对我？

我该如何解决这个问题?

这件事对我而言有任何益处吗?

我还能找到更好的解决办法吗?

第二步：仔细回忆，客观思考，为什么老板要这样对我?是他故意给我“穿小鞋”，还是我真有做得不对的地方?

有些老板就是生性古怪，比如脾气暴躁，缺乏耐心。老板是针对你一个人不公平，还是对所有人都是一样?

如果是对你一个人，那么可能问题就出在你自己身上 。

我们常说人最难的就是有自知之明，自我认知是所有职场人都需要不断提高的能力。

几乎每一年我都会做360度的自我认知调查。这个调查问卷来自我自己，我的几位合作同事，我的几位下属，以及我的上级。我第一次做的时候，报告出来时吓一大跳。因为我的自我评估和他人评估相差太大了。在别人眼中尤其是老板眼中，我远没有自己看起来那么完美。

所以，不妨认真地反思自己是否在工作上有做得不够好的地方，也许这些地方加以改进，就可以修复和领导的关系。

如果老板只是性格有缺陷，但并非针对你。那么与其在茶水间嘲笑老板，不如想想自己如何才能做得更好，才是硬道理。

如果老板缺乏耐心，就让自己的报告更简短精悍；如果老板能力有限，那就让自己更好地协助他的工作。

你要知道，老板们对于他们喜欢的人，或者工作上有能力的人通常态度都不会差到哪里去。

第三步：以客观事实为出发点的面对面沟通

如果受到不公平待遇，你有可能很郁闷，对原因百思不得其解。你也有可能很愤怒，感觉没有受到尊重。你还有可能倍感委屈，你觉得领导对你有误解。

想要解决问题，最好的方式是鼓起勇气去面谈。当然，谈如此尴尬的话题，是让人最不愿面对的事情，但是面谈很有可能帮助你达成下列目的：

1.了解上司这样做的动机是什么；

2.解开你们之间的误会；

3.让老板指出你的问题和对你的建议；

4.达成下一步的共识。

为此，你一定要谨记的一个沟通要点是：不要带有情绪，不要带有主观臆断，以事实为出发点来沟通。

主观情绪：你凭什么调岗还降我的薪水？你是不是对我有成见！

以事实出发：你通知我调岗，我还了解到薪水会降低30%。我可以了解你这样做的目的吗？

再艰难的话题，只要能基于事实出发而不带情绪，就能够进行下去。

第四步：另谋高就

如果你的上级不喜欢你，给你穿小鞋，而你也打心眼里看不起这个人，离开也未尝不是一件好事。在离开之前，你最好能做到这三点：

1.尽可能做出对自己有利的理性选择。

2.离开前找到下一家。“骑驴找马”是一个稳妥的方法。

3.不带着受害者心态离开。

以小磊的故事为例。他并没有做错什么，小磊可以开诚布公地和主管沟通，一方面了解是否存在误解，另一方面积极争取自己的权益。

小磊现阶段的处境有四种可能性，一是留下来接受降薪；二是接受降薪但开始寻找下一个工作机会；三是不接受降薪，要求离职赔偿；最后一种是直接辞职。

在这四个可能性中，小磊应该从客观角度出发，理性做出对自己较为有利的选择。但是无论做何种选择，都不应该以受害者或者复仇者的心态离开。

我有一个同事曾经和老板闹得不可开交，连家属都吵上门。结局当然是不欢而散。后来那个老板事业发展得很好，导致这个同事之后无法在这个领域立足，只能被迫转行。

职场圈子其实很小，何不一笑泯恩仇，也许山水有相逢时。你会发现，在漫长的职业生涯中，这些不愉快的相处经历，总有一天会不值得一提。

维克多·弗兰克尔曾经说过，一些不可控的力量可能会拿走你很多东西，但它唯一无法剥夺的是你自主选择如何应对不同处境的自由。你无法控制生命中会发生什么，但你可以控制面对这些事情时自己的情绪和行动。

不要把自己当成受害者，你有选择的权利。

“事业和家庭能够完美平衡吗？” “不能”

01

如果有人对你说，我做到了事业和家庭的完美平衡。你可能听见了一个美丽的谎言。

这个观点也许在你看来是错的，但这就是事实。

我的一个家在深圳的好友，她在大儿子5岁，小女儿2岁时，去了北京一家顶级的互联网公司做高管。

过去3年她每两周从北京往返深圳一次，忙的时候可能一个月才能回来一次。

你说这样一位事业有成的职业女性，她能够完美地平衡工作和家庭吗？ 别开玩笑了。

一个典型的职业女性，周一至周五，早上8点出门，晚上7点回到家。如果遇到工作单位距离家比较远的，可能要更早出门更晚回家。

在她事业上升阶段，加班在所难免。如此，还剩下多少时间可以陪伴家人呢？

我有一位女性好友，在孩子1岁时，跳槽去一家创业公司，几乎每天加班到凌晨，通宵工作也是家常便饭。

有一次她在客户那里做项目，爸爸打来电话告知孩子发烧住院，但由于她是项目负责人，无法立即赶回去，急得泪水直流。

她难道不想更好地平衡工作与家庭吗？她当然想。

但是对一个想在事业上有所成就的职业女性来说，要做到完美平衡这几个字确实很难。

02

这个时代的女孩真的越来越强了。职场中的女性已经占据半壁江山，而且在能力和拼劲上完全不输于男性。

当一个走在事业发展道路上的女孩子，遇到她的Mr. Right时，她的勃勃雄心就开始打折扣了。因为她会想要一个孩子。于是她的担忧和顾虑就接踵而至，工作这么忙，谁来照顾孩子和家庭呢？

从此，事业和家庭的平衡这个命题就一直萦绕在她的脑海中。

很多女性生了孩子之后，都会进入纠结状态，是否应该把工作辞掉，专心带孩子？

可是她担心，成为全职主妇将面临缺乏安全感和背上经济负担的双重压力。但是回到繁忙的职场中，她又心系着孩子，经常为自己陪孩子的时间太少而内疚。

不想丧失赚钱能力，同时又想完美地兼顾家庭。要求并不过分，但却无解。于是女性们都在不约而同地问这个问题：怎样才能做到事业和家庭的平衡?

桑德伯格说，全能女人是个神话。不要追求完美，完成比完美更好。

也许，这就是答案。

03

好友Stella在大儿子5岁时跟随丈夫去了国外工作。在国内，名牌大学硕士毕业的她，曾经是一位事业发展得不错的白领。但是为了照顾家人，她成了全职主妇。

她在国外相继生了老二老三。其间她放弃了不少很好的工作机会。她在家庭主妇这个职业上可谓尽心尽职。

有一次我们聊起全职妈妈这个话题，我问她有没有后悔过。

她说，完全没有。在国内顾着事业却忽视了对儿子的教育和陪伴。她的大儿子曾有一段时间由于父母疏于陪伴，患有轻度抑郁。后来她成了全职主妇，花更多的时间照顾家庭，把孩子培养成才，她说，这种成就感比所谓事业来得更大。

人生道路有多样性。家庭和事业不应该存在对立关系。也没有一种选择是绝对的正确或者绝对的错误。

我们要过的是一种无悔的人生。

如果选择在职场上打拼，就请面对现实，你没有那么多时间陪伴家人和孩子。如果选择回归家庭，就请放下焦虑，把家庭当成是一生的投资。

我们常有矛盾的想法。在职场中打拼总是心存内疚，觉得自己和孩子在一起的时间太少；在家里专职带孩子，心生怨气觉得为这个家付出太多，让自己与社会脱节。这些态度对改变现状毫无益处。

工作时就请全力以赴，在家时就请尽心尽力。无论在哪方面，只要你用心，都会有回报。

04

我最近认识了一个事业发展得非常好的妈妈，她的孩子今年4岁。她告诉我，她怀孕时由于身体反应太激烈，所以辞职了。她在家里一直待到孩子1岁半才重新出来找工作和学习。

我问她中途退出职场，有没有担心以后回不去了？她说，没有，因为对她来说，做当下最重要的事才是关键。

当孩子太小时，她认为最重要的事是陪伴孩子。当孩子长大一点，家庭繁忙程度没有那么重了，她选择重出职场，加速前进。

生活中还是有太多这样的例子的。没有人会因为我们中途停赛，就取消我们的比赛资格。相反，很多时候我们回不去职场，是因为我们自己放弃了。

我自己也是这样。我虽没有在怀孕生子期间辞职，但是我放慢了脚步。孩子太小的时候，我把更多的精力放在他身上。等他长到2岁，我发动引擎重新上路。事实证明我并没有耽误什么。

很多女性刚做了妈妈，一方面照顾孩子筋疲力尽，一方面又担心自己未来不具有竞争力。

不要这样。请追随自己的内心，不同阶段应该有不同的重点。最重要的是，当你觉得时机到了，就开足马力迎头赶上。

05

尽管我们很难做到事业和家庭的完美平衡，但是我们可以做到适度平衡。

怎么样才能够既投入事业又合理地兼顾家庭呢？

寻求家里人的帮助

两人相爱组成家庭，就意味着要共同付出来共建幸福的婚姻生活。

如果你选择在外打拼，老公就需要腾出更多的时间来照顾家庭。如果夫妻都是事业型的人，那就请老人来协助。如果连老人都帮不到，那就得花心思找一个负责的保姆。总之方法会比问题多。

我大学同学在生了孩子后，开了一家公司，平时工作非常忙。她的公公婆婆帮她带孩子，他们住在一起，相处十分融洽。

有一次我在育儿方面和老人观点不同，她对我说："我几乎天天遇见分歧。但是公公婆婆带孩子不容易，多点体谅就过去了。我对他们更多的是感激，小矛盾不算什么。"

如果希望更多人能够帮助你，你就得抱有感恩的心，并懂得如何和帮助你的人和谐共处。

学会高效陪伴

周末我带孩子在楼下玩滑梯。有一个小女孩和我儿子一起玩。我问那个小孩，你妈妈在哪里？她用手指一指不远处。她的妈妈在看手机。

在整整一个多小时的游戏过程中，我担负起了照顾我儿子和那个女孩的任务。女孩妈妈的眼睛自始至终没有离开过手机。

她这叫陪伴吗？我认为这是最无效的陪伴。

一个时间只做一件事，这是让事情变得高效的最重要的方法。在工作上如此，在生活中更是如此。

全心全意地陪伴1小时，好过三心二意地陪伴3小时。

如果职场已经耗费了你大部分时间，那么回到家最好的办法就是放下手机，关掉电脑，在有限的时间里一心一意地陪伴家人，让时间得到充分的利用。

不要在工作中想着孩子，在带孩子时又玩着手机。这样是最低效率的做法。

06

我经常在外出差，不出差的日子我总是早出晚归。我也常常因为没有太多时间陪伴儿子而感到内疚。

有一天我带儿子去商场。营业员问他：“你妈妈是做什么的？”儿子很骄傲地说：“我妈妈是作家，她有好多好多粉丝。”

我不禁感叹，我这么努力正是因为可以成为孩子的骄傲。

关于教育，我曾经看过一幅漫画，爸爸一边酗酒一边对儿子说：照我说的去做，但是别学我！

这真是极度讽刺。如果我们不优秀，凭什么指望孩子出类拔萃？

所以，虽然我们做不到事业和家庭的完美平衡，但是仍然可以努力做到更好。回家尽可能陪伴家人，和孩子共同成长。

我上家公司的一位副总裁有两个孩子，她来中国时，别人问她：“你是如何平衡事业和家庭的？”她回答说：“《少有人走的路》有一句话，只有你对自己的行为负责。”

你选择在职场奋斗，你照顾家庭的时间就少了；你选择投入在家庭，你在事业上的发展就会有局限。心智成熟的标志之一，就是对自己的选择有担当。

无论是职场女性还是全职主妇，我们要追求的不是完美，而是更好的自己。

从菜鸟到高管，改变我命运的十句话

如果可以选择，你愿不愿在职场大展拳脚展翅高飞？

我想很少人会说“不”。

几乎每一个进入职场的人，起初都抱着雄心壮志，希望能干出一番事业。但是最终还是要面对现实，成功者毕竟是少数，大多数人都将陷于平庸。这也说明了职场竞争的激烈和残酷。

为什么同样起点的人，职业发展短短几年就会拉开差距呢？原因当然有很多。

从我自身经历出发，这十句话对我的事业成功起着至关重要的作用。

1.你只有一个理由，那就是搞定事情

在职场中最重要的能力，就是搞定事情的能力。你可以有100种理由说，这件事我不懂，这个业务我从没接触过。但是公司请你来，就是你要把事情干好。

很多年前，老板让我核算一个业务模式，我做了几次他都不满意。我哭丧着脸说我从没有做过这种核算。老板急了，他

在电话那头冲我大叫，不会你就去想办法。

我之后找到业务经理和财务经理，在他们的帮助下完成了老板的要求。在职场中你会遇见非常多你不懂的东西，很多时候我们都得逼自己搞定。事实上，也只有敢于尝试舒适圈以外的东西，才能加速成长。

完成不了任务，永远没有借口。

2.所有成功的背后，都有着不为人知的艰辛

成功的人很少会提起自己辛酸的奋斗史。但是，我从没见过一个随随便便成功的例子。

我的一位前同事，现在是年薪千万的副总裁。曾经由于连续加班出差，在办公室累到晕倒。

我的一位客户朋友，一个人在北京打拼事业，老公和两个幼女留在广州。作为企业高管的她，常常忙碌到一个月都不能回去一次。

不努力就想成功，不付出代价就想发达，这绝对是天方夜谭。

很多人说没有方向光努力没有用。我认为这句话说反了。努力是一种习惯，只有习惯了努力，才有可能找到方向。整天沉迷于游戏是找不到方向的。

3.工作挑战越大，你就越有价值

通常工作5年后，人和人的差距就会拉大。

刚开始工作时，人都是从基层做起的。但随着时间的推

移，有些人选择一些轻松的工作方式，而有些人则选择一些挑战性较大的工作。工作挑战程度的差异，也会随着经验的增长，带来明显的差距。

没有技术含量的工作，做多少年工资都没有太大变化。而有些工作，经验越丰富个人就越值钱。

判断自身价值最简单的一种方法就是，看看自己能为企业带来多少价值。为企业贡献价值越大的人，就越值钱。

想要让自己有更大的发展，就要敢于迎难而上。

4.在风口上，猪都会飞，这是真理

我以前的一位下属，在离开公司后创立了自己的公司。昨天他告诉我，他的公司刚完成了C 轮融资，估值8个亿。要知道他创立公司才6年的时间。他不止一次对我说，自己走了大运，站在了电商这个风口。

过去几年，只要从事和互联网相关业务的人，无论是电商、社交媒体、微信公众号还是互联网金融，个人价值都水涨船高。这个增值速度可谓极其惊人。

如何能够看到趋势呢？一方面用开放谦卑的心态去看待新事物，一方面要不断加强学习成长。并且当机会来临时，有破釜沉舟敢于从头开始的魄力。

选择大于努力。你可能认为说得很空，但事实就是如此。

5.在舒适圈待久了，你就再也跳不出来

每一个职位都有一定的局限性。通常做了一段时间后，工作就成了重复性劳作，可学习的空间变得十分有限。那些说自

已有10年工作经验的，也许真正的工作经验只有2年。因为其余8年都是在重复。

大多数人都不会主动选择变动，做这样不用动脑筋的工作，驾轻就熟又舒服。为什么要改变？

我有些下属，在同一个中低岗位做了10多年，他们从没有考虑过变动。每一年的业绩评估都让主管很为难，well，他是个好人，做事也比较认真，但也就是这样了。

年龄增大，职位却一直徘徊在中低层的时候，你的忠诚在公司眼中并不值钱，甚至你会成为公司最先想淘汰的人。现实真的很残酷。所以，要想办法不断跳出舒适圈，让自己始终走在成长的路上。

如何判断是不是舒适圈？

当一份工作做了几年后，不用动脑就知道怎么做，身边的同事、客户都和亲人一样熟悉，这个时候就要警惕，你有可能进入舒适圈了。

我在上一家企业做了9年。虽然时间很长，但是我从事了4个不同的岗位。从销售到市场，每一个职位都是我主动要求调岗的。

我总是推动自己不断学习，迎接新的挑战。通过各个岗位的历练，我得以拥有多角度的视野和丰富的职场经验。

想发展就要自我驱动，勇于跳出舒适圈。这是一种不断挑战自我的勇气和能力。

6.不坚持学习，你会被困住

小时候，我们都听过井底之蛙的故事。没想到，长大后很多人竟然也会成为蛙中的一员。

不妨看看自己的微信朋友圈，为数不多的人是不是都是同事？或者是一些交往多年的老友？

几乎每个人的生活工作圈都是狭窄的。年复一年没有变化的工作生活，会让人们相信，眼前看到的世界就是全部了。于是他们被困在其中出不来，当遇到困难时，轻易就被打倒。

我身边多数人都没有看书的习惯。世界在高速发展，而不看书的人的认知只停留在办公室的格子间，或者停留在油盐酱醋中。这就像陷入了一个恶性循环圈，越不学越不懂，越不懂越痛苦。

不会学习的人，通常职场发展也很有限。因为建立影响力和培养解决问题的能力，都需要广泛的认知。而这些除了学习别无他法。

7.学会和上司相处，是你必须拥有的能力

上司可以说是决定我们职场命运的人。如果能有幸跟随一位能力很强的上司，职场发展将有机会随着上司的发展而直线向上。

我有一位朋友，她在做管培生的时候向一位高管汇报。这位上司赏识她的聪明能干，用心栽培她。上司事业一直上升，她也跟着不断晋升。30岁出头，就已经成为业务总监。

和上司相处绝对是门学问。我认为最关键的四个字就是把握分寸。

如何把握分寸？一方面不要害怕上司，一方面永远要足够

尊重。

但凡有能力的上司，都不会器重那些见到他就绕道走的下属。这是因为：

第一，上司没有机会和这样的下属交流，对下属几乎不了解，谈不上建立信任关系。

第二，很少有上司会青睐一个缺乏自信的人。惧怕上司的典型特质之一，就是缺乏在上司面前自信地汇报工作，自信地聊天的能力。

如果想给上司留下好印象，首先要克服自己的心理障碍。相信职位有高低，但是人格是平等的。自己可以凭借实力来说话。

还有一种员工能力和态度双优，很受上司器重。这时候难免滋生骄傲情绪，说话不给上司面子。尤其是受到上司的重视时，更是得意忘形，感觉天下都是自己的了，不把上司放在眼里。

这种界限感一旦失去，对上下级关系的破坏是极具杀伤力的。

尊重扶持你的人，这是一种职业素养。

8.不会做人，你就走不远

职场的初级阶段强调个人能力，越往上走越重视合作关系。因为复杂的业务必须抱团才能完成。在职场想持续取得优异的业绩，只有一条路，那就是合作共赢。只会单打独斗的人，注定在职场走不远。

但是很多人却意识不到人际关系的重要性。为了眼前一亩三分地的利益，为了争得一时的输赢，不惜和同事争吵反目。在工作中发生矛盾是一件非常普遍的事，关键在于你能不能站在双方的角度，考虑如何达成共同的目标，而不是责骂和吵架，这样既不利于事情的解决，对人际关系也是一种破坏。

有人说，来职场不是为了交朋友。这样的理解有很大误区。没有朋友意味着你得不到别人的帮助，同时对你个人口碑也会带来很大的负面影响。这些足以阻挡你职场向上的道路。

前段时间看关于司马懿的电视剧《虎啸龙吟》，他是三国时期魏国大将军，是辅佐了魏国三代的重臣，在三国如此复杂的政局中笑到最后。他说，我一路走过来，没有敌人，只有师长和朋友。

何为贵人？人人皆贵人。明白这个道理，你就知道会做人，善于合作有多么重要。

如果你平时建立了良好的人脉关系，当有一天你离开企业，即使之后不怎么联系，只要你有需要，人们仍然会愿意给你帮助。你永远不知道未来有谁会帮到自己，但是多一个朋友多一条路，这一点却是真理。

9.不要在平台的光环下迷失了自己

很多人在公司做出了一些成绩，受到公司认可的时候，会误认为这完全是自己的能力。殊不知，你可以做成一件事，和公司的品牌、团队的合作，以及各种资源密不可分。

我年轻时就犯过这样低级的错误。每次谈判成功，我都认为是自己能力卓越。那时候客户见到我们总是毕恭毕敬的，我感觉自己厉害极了，谈判技巧一流，只要我一出马总能搞定。

但事实上，我们那时的产品很好，在市场上供不应求，换成任何一个人去谈判，客户都会答应。客户哪里是给我面子，分明是看在我代表的公司和产品的分儿上。

只有去掉公司的光环，方能真正认清自己的能力。没有公司，还有人认识你吗？没有公司，你还能被客户如此重视吗？没有公司，你能轻易地谈成这么一大笔生意吗？

一旦意识到失去了公司，自己便成为nobody，你就再不会对客户吆五喝六，你也就不会看不起同行。

客观地看待自己的价值，才能保持谦卑的心态。不断提升自己的能力，和客户保持长期友好的合作关系，和同事以及同行建立良好的人脉关系，你才能走得更远。

10.你和公司的关系应该是联盟关系

很多人在事业发展顺利的时候，会误认为公司是家。自己效忠于公司，也希望公司会十年如一日地栽培自己。

但是，家没有解雇概念，公司却有。现在几乎没有公司会承诺终生雇用了。公司有经营的风险，公司也会视员工的状态和能力，不同的时期给予不同的待遇。

古话说得好：人无千日好，花无百日红。

当误把公司当成家，当成自己最后的归宿的时候，你会期望公司一直庇护你。而这种期望往往是不合理的。

当你一旦发现公司对待自己不公平时，就会产生极大的落差，认为自己对公司付出那么多，到头来自己却落得这样的结局。

这种心态，会让自己在职场的发展充满挫败感。很多人因此一蹶不振。

正确的做法是，客观地看待自己和公司的关系。

员工和公司应该是联盟的关系。你有你的理想，你可以利用企业的平台和资源培养自己的能力，实现自己的价值。作为回报，你要全力以赴做好工作。

员工和企业不是联姻关系，也不是家庭关系，而是相互成就价值的联盟关系。

所以，不要希望公司应该对你的付出和未来负责。

你不是在为公司努力，你是在为自己努力。对你未来负责的不是公司，而是你自己。这一点每位职场人都应该铭记于心。

我升职了，却想辞职

我收到一位读者的留言。她对我说："我升职了。可是开心没几天，我竟陷入了痛苦中。这两个月以来，老板对我失望，下属不服管，同事排挤我，简直是度日如年。姐，我是不是该辞职？"

她的话让我想起了杰克·韦尔奇的经典名言："在你成为领导以前，成功只同自己的成长有关。当你成为领导之后，成功都同别人的成长有关。"

领导力是一个既熟悉又陌生的名词。也许有人天生就会做领导，知道如何调动别人的积极性，但多数人都是后天成长起来的。从单打独斗到带领团队前进，这个转变对很多人来说，都具有挑战性。

当你升职加薪后，老板对你的要求和以前发生了变化。新职位的复杂度比以前要高得多，这时候，你现有的能力和公司对你的要求之间就产生了差距。如果你再用以前的标准来工作，那曾被认为的优秀就会降为有待提高。

而你的下属，他们的心态可能不一样。有些人比较能干，他们可能对你抱有怀疑的态度。他们可能会想，你能帮助他们成功吗？你能搞定其他部门那些障碍吗？你能带领团队成功吗？有些人习惯了混日子，他们可能在冷眼观察，你和上一任领导会有什么不一样，你对他们的既得利益会有什么影响？

而你，最大的挑战来自于，你不能再像以前一样所有事都亲力亲为。你要完成更高难度的任务，就不能再仅仅指望自己一味蛮干，而是要善于调配资源，懂得团队合作。

很多明星员工成为管理者之后最大的失误，就是没能完成从“做事”到“带人”的角色转变。

不懂得知人善用，就不知道如何管理下属，也无法发挥下属的积极性。当下属工作效率和质量达不到自己的要求时，很多人就失去了耐心：算了，还不如我自己来！于是，自己把团队成员的活儿都领了过来自己做。

这样做的后果是，一方面自己累死累活，活儿还做不完；另一方面下属的能力也得不到提高。缺乏上进心的人，干脆就得过且过；而有追求的人会认为这里缺少发挥的空间，不如去外面寻找更多的机会。

这的确让人沮丧，累到半死，效率越来越低，而且团队士气也越来越差。甚至会出现一个人离职，带动很多人离职的现象。

还有的人一做了领导，会发生180度转变，认为自己多年媳妇熬成婆，现在终于升职为管理者，可以把工作全部交给下属干了。

这样做也同样会带来恶果。俗话说：“兵熊熊一个，将熊熊一窝。”作为领导，最重要的职责是制定策略，指明方向。

如果领导者不能身先士卒，那么团队终将成为一盘散沙。团队绩效出不来，领导要承担第一责任。

这样做的另一个后果是，领导者的职位容易被下属架空。如果团队中有比较能干也肯干的下属，会把本来属于领导者的活儿都揽过来，长期下去，公司的同事和领导都知道，有任何事只要找你的下属就可以，而你渐渐地就成了被淘汰的人。

在管理岗位上工作了十多年，我带了很多形形色色的员工，也经历了各种不同的情况。我发现无论是什么年龄的管理者，什么经营领域的公司，所涉及的管理理念都是相同的。一个好的管理者，是一个团队的灵魂，不但可以成就自我，更能成就员工，从而实现共赢的目标。

接下来，我想和大家分享我在管理上的一些经验。

1.招聘能力是每一位领导者必须拥有的能力

领导者要训练自己成为伯乐。伯乐最重要的作用就是挑选出千里马。如何挑选？从面试中挑选就是重要一关。

很多应聘者掌握了娴熟的面试技巧，往往会把自己包装得很漂亮，利用假象引发用人单位的好感。这时候，管理者就需要锻炼自己具备火眼金睛看人的能力。

火眼金睛不是靠看，而是靠问。怎么问？采用漏斗原则。

先问大方面，看整体思路和逻辑。

再逐渐把问题缩窄，问对方相关的经验，以及让对方描述过往工作中所做过的事。

通过详细的回答，来确认应聘者的工作能力、工作态度和品德，是否和公司文化相匹配。

去找那些工作态度认真，学习能力强且积极乐观的人。还有一个要点是，看人更需要看他未来的潜力，而不仅仅是现在的经验。

2.正确授权的前提是领导者要身先士卒

每一个领导者都要学会授权。授权的概念不是让别人做你的事，而是让别人做自己应该做的事。

学会管人的第一步就是懂得制定有效的组织架构，让组织中的成员分工明确，各司其职。如果组织机构臃肿，角色和职责不分，就会导致人浮于事，工作相互推诿，效率低下。

制定合理的组织架构，学会充分授权，这是激发员工动力的一个很重要的手段。

但是在充分授权之前，你得身先士卒。你需要懂业务，懂市场，懂客户。如果你什么也不懂就授权，最终团队会犹如一匹失控的野马。

很多领导都会犯这个错误，要么不懂得授权，要么过于充分授权。比如将业务交给某个经理后，自己再也不过问，不了解市场动态，不认识核心客户。这样的话，当员工出现困难或者挑战的时候，领导者往往束手无策，除了继续施压给员工，无计可施。而员工也会怨声载道，认为领导者无能，给不了自己任何建议和资源支持。

所以，领导者必须要和员工站在一起。自己躲在大后方，只知道让员工冲锋陷阵的领导者，注定是要被抛弃的。

正确授权的前提是，领导者身先士卒。

3.学会用愿景、目标和核心KPI来管理员工

以终为始是一种做人和做事的习惯，带团队也需要这样的习惯。如果团队和个人没有目标，就会失去斗志。

假如你的员工不知道团队目标是什么，团队愿景是什么，考核目标是什么，不知道自己在做什么，不知道自己在这里能学到什么，那是很危险的。单纯靠自觉或者靠制度去激励，很难让他们干劲十足。

领导者应该首先以团队目标为核心，让大家明确看到奋斗的方向。先从大的目标着手，再从员工个人目标出发。正常来说，团队目标和员工个人目标应该各占50%。没有个人目标和考核，会让员工感到不公平，而没有团队目标和考核，会让团队失去凝聚力。

新型的领导者和员工之间应该是一种联盟关系。也就是说，员工需要了解公司的愿景和目标，领导者也应该了解员工的个人发展规划。这是一种彼此成就的关系，领导者帮助员工努力达成个人目标，而员工也应该承诺帮助组织取得更好的发展。

4.做一个奖惩分明，值得信赖的领导者

我曾经接手过一个团队，当时这个团队的士气极其低下。

在我和员工交流的过程中，很多人都提出了一个问题，那就是奖惩不分明。工作表现特别好的员工不能获得晋升，表现特别差的员工又没有被处罚。前任领导在任几年，从不奖励，也不处罚任何人。甚至抓到员工上班溜出去打牌，也不作为。

所以很多人都在混日子。

于是我立即把优秀员工的档案调出来，仔细观察这些人的表现，最终确定出一张表现优秀的员工名单表。然后我去努力说服公司，对优秀的员工进行升职加薪，并进行集体宣传。同时，对一些混日子的员工，果断地请他们离开。这样一执行，团队的整体氛围就完全不一样了。他们意识到，不用心工作是会被炒掉的，而优秀的人就能获得晋升机会。

身为领导者，就要想办法获得员工的信任，而不是和稀泥。让员工相信，你的表现我都看在眼里，只要你努力，就会有所得。而对那些工作态度不端正的员工，如果不能改变，就应该果断地让其离开，越快越好。即使是明星员工，如果骄傲自大自私自利，行为对团队氛围有负面影响，这样的员工也不应该留。只有奖惩分明，才能带来“良币驱逐劣币”的结果。

5.成为让员工喜欢又敬畏的领导者

很多人成为领导者后，最难把握的就是和员工相处的分寸。

和员工走得太近，会让员工失去界限感，领导者也无法做出客观的评价。这样对管理员工毫无益处。

和员工太过疏远，会让员工产生距离感，领导者无法了解更多信息，做不到知人善用，也不能激励和鼓励员工士气。

正确的做法是，工作时走出办公室，走到员工身边去，了解他们在做什么，有什么困难，是否需要帮助。你要知道，很少有员工敢主动敲办公室的门，来向你反馈工作情况。如果想取得员工的信任，你就要主动接近他们，鼓励他们，让他们相信你愿意帮助他们。

你表现得越积极乐观，你的员工就越会被你所影响。有时候，拍拍员工的肩膀，说一句：good job！就足以让员工信心百倍。

而当员工犯了错时，也要避免当众批评。你应该立即把员工叫进办公室，告诉他，你看到的事实，你的感受以及你对他的期望。既要顾全他的面子，也要让他知错就改。

当团队达成了目标，或者当员工取得了好成绩，要懂得带领团队进行庆祝。这种方式不需要高大上，去餐厅吃一顿，去周边短途旅游，晚上喝点小酒，大声宣布一下所取得的小进步。这些都是很接地气的庆祝方式。

我经常会和我的团队举行小型欢庆聚会。每个月我们都有团队目标，只要达成，我就会带着大家一起聚餐。如果季度或者半年达成指标，我们会做稍微大一点规模的庆祝。如果是年度的，我们有可能会进行一个短途旅行。在这样的氛围里，团队成员每天都干劲十足，他们渴望成功，渴望为成功而庆祝。

从只做好自己的工作，到学会带领团队工作，这条路不容易走。但好消息是，每个人都有机会通过实践和学习成为合格的管理者。你必须要记住，当你成为领导者之后，你的成功不是“我要赢”，而是“我们要赢”。

第二章

个人成长：
找到正确精进的通道

“未来 10 年，50% 的人将失业。”

01

未来10年，50% 的人将要失业。这句话是李开复说的。

看《奇葩大会》，李开复的出场给我留下了非常深刻的印象。他介绍了人工智能的概念。

他说你们每天都在使用人工智能，每一次搜索引擎的结果，都是人工智能推算出来的。它会根据你们的每一次点击，来决定下一次在你面前呈现的画面。

你们每一次的择偶，它会知道你更喜欢什么样的伴侣。媒婆都要失业了。这就是大数据和人工智能的力量。

他过去两年所有的投资，都是机器人管理。因为机器人可以分析所有的股票走势，它每天读新闻，读财报，然后来判断今天最该买最该卖的股票是哪一支。

李开复得过癌症，他当时用的药，很多医生都不知道它的存在。因为医疗进步很快，不是每个医生都能每天去读各种学术期刊论文，来学最新的治疗方式。所以未来把人工智能做成医疗助手，它可以更好地帮助医生做判断和诊断。

一辆车96%的时间都是停着的。如果有一个无所不在的软件，当你需要出门时，一辆小车就开来了。你还有必要买车吗？这就是共享经济的无人驾驶技术。

他认为未来10年，人类50%的工作都会被人工智能取代，比如说交易员、助理、秘书、中介，这些事情，人工智能都会比人做得更好。

以后都失业了谁会取代你的工作呢？就是人工智能。

看完李开复的话，你可能不相信。

其实，都用不着等到人工智能的时代到来。我们所有人，在当今这个时代，都面临着随时失业的可能。

02

很多年前有一场面试让我至今记忆深刻。那时我负责诺基亚公司运营商业务，我需要招一些有经验的大客户经理。有一份简历吸引了我，应聘者本科毕业于武汉大学，研究生毕业于北大。

学历非常完美，工作经历也很惊艳。第一份工作是Compaq（康柏，美国当年PC第一大公司），第二份工作是北美电信。

这两家公司，有些人可能没有听说过，因为都早已倒闭。但是在当年绝对是顶级的外资公司。他的这份简历“亮瞎”了我的眼，我迫不及待地约见了他。

他侃侃而谈。谈到最后，我问他："你对来我们公司发展有什么要求吗？"他沉思了一会儿说："我只有一个要求，那就是企业不要倒闭。"

我不禁哑然："你为什么会担心这个？"他说："因为我待过的企业，都倒闭了。我不得不从头来过。"

我当时想，那是你运气不好，我们这种企业绝对不会倒闭的。由于种种原因，我最终没有招他进来，否则他进来也恐怕难逃被裁的命运。

我毕业后没多久就加入了诺基亚，亲眼见证了它的起步和腾飞。诺基亚最辉煌的时候，曾经连续三四年蝉联手机市场No.1的地位，而且是绝对的第一，遥遥领先于市场第二位。

身处在业绩如此厉害的企业里，怎么会相信企业有衰落的一天？2010年是诺基亚的巅峰时刻，占领中国市场40%的份额。但是，也就是从那一刻起，下滑不可逆转地发生了。

我后来跳槽去了其他公司，我离开时，诺基亚仍然有35%的市场份额。我当时只是单纯地认为，这家企业只不过辉煌不再而已。

但是，两年后，仅仅是两年的时间，诺基亚就被主流市场给抛弃了。

诺基亚手机让我联想到那个应聘者的经历。事实再一次证明，这个世界没有什么是靠得住的，你唯一靠得住的人是你自己。

03

多年前，我曾经参加几个老板组织的盛大的“退休趴”。老板们在企业里工作多年，功成名就，以颇丰的财富开启幸福的退休生活。

而我们这代人恐怕没有这样的幸运。我们面对的竞争是如此激烈，科技也日新月异。

如果我们再抱着原有的思维，希望找一家靠谱的公司，然后日复一日地工作，安安稳稳地做到退休，恐怕未来带给我们的只有失望。

当大环境发生危机时，多数人的反应都是难以适应。这很正常，在舒适圈待久了的人，抗风雨的能力自然就下降了。人们总认为自己会在一个好企业里待上一辈子，直到退休。谁都不愿意相信，倒霉的事情会降临到自己的头上。

但是，环境是不会随人的意志而改变的。结局往往事与愿违。

明天会发生什么，我们根本一无所知，我所知道的是这四个字：未雨绸缪。

与其祈祷风调雨顺，不如好好想想到底如何把命运掌握在自己手里。

如何能够及早地为自己的未来做好准备呢？接下来，我分享三个建议给大家。

04

第一个建议是，请你一定要扩大自己的人脉圈子。

你不妨打开你的微信联系人，看看其中属于自己公司的同事的比例有多少。如果几乎全是公司同事，那么说明你的人脉圈子很窄。一旦公司发生变动将对你产生巨大的冲击。

等到你没有工作时再去找工作，那么你将面对被动的局面，你在谈判筹码方面没有任何优势。

我的很多朋友在结束了上一份工作后，最长的用了一年多的时间才找到一份工作。可见这个过程有多么艰辛。

要建立什么样的人脉?

一种是圈子里的人，比如说客户，或是相关领域的朋友，再或者是友商公司的相对应的人。你需要拓展并维护除同事以外的圈子。

不要当别人是纯生意场上的对象，也不要因为竞争关系而心存傲慢。只有相互尊重，刻意经营，你们才有可能建立关系。

同在一个圈子，这些人脉说不定哪一天就会帮到你。

另外一种就是猎头了。去猎头常去的地方，比如领英(Linkedln)，在上面注册自己的账号，并更新简历。如果你想扩大自己的人脉圈子，请大胆地走出去！别人不加你，你就加别人或关注别人。

如果你能找到猎头，又能对猎头进行关系维系，也许你的机会就来了。

一旦有这样的关系在身，你就再不会害怕任何环境和工作的变化。你要想办法做到：不要让自己去找工作，而是让工作来找你。

还有一种是圈子以外的人。每个人的思维、眼界和知识面都是狭窄的。你不妨多参加一些线上或线下的社交、培训或者社群活动，结交一些同频的朋友。

这些圈子以外的人，他们也许很成功，但是人生经历和你完全不一样。认识这些人，可能会打破你思维的局限，给你带来新的启发和新机会。

第二个建议是，请你一定不要停止学习的脚步。

听过一句话：埋于80岁，死于30岁。不同的人有不同的解读。

如果把这句话用来形容职场，我的理解是，当一个人从30岁开始不再学习时，他已经“死”去了。

很多人说，你看我多勤奋，每天准时来公司，从不懈怠任何工作，即便是每天做一样的工作，我也仍然很努力。

你的确很勤奋，但这只是体力的勤奋，并不是脑力的勤奋。你只是日复一日年复一年地工作。仅此而已。

一份工作从陌生到掌握可能需要一年甚至几年的时间，但是一旦成为熟练工，那么继续重复也就意味着停止学习了。

你可能重复工作了20年，但是你的经验，也许就只停留在开头的那三五年。

不妨问问自己，这份工作是不是和你三年前做的一模一样？这些技能是不是你三年前就已经掌握了的？现在你的工作综合实力和三年前一样吗？如果答案是“yes”，那么你或许已经放弃提高自己了。

这几年来，我从没有停止学习的脚步。我看很多的书，参加各种培训，花钱去参加社团，去听讲座，在网上付费约见专家向他们请教。

这个时代真的超级酷，只要你想学，无数个平台朝你开放，比如在行、微课堂、付费课堂……简直太多了。这个世界从没像现在一样，所有的知识如此触手可及。

很多时候不是世界遗忘了你，而是你关闭了通往世界的大门。

你对自己有要求吗？ 你了解现在社会的大趋势吗？你会带着好奇心尝试各种新鲜事物吗？你舍得花钱去培训吗？你有每周坚持看书学习吗？

如果你想进步，就请跟上时代的步伐。努力提高自己的综合实力，而不是彷徨和焦虑。

不要成为战略上懒惰，战术上勤奋的人，而是要用心规划自己的未来，努力提升自己的综合能力。

第三个建议，请想办法开发自己的“斜杠能力”。

“斜杠”这个词近几年非常流行。这个词出自《纽约时报》专栏作家麦瑞克·阿尔伯撰写的书籍《双重职业》，指的是一群不再满足“专一职业”的生活方式，而选择拥有多重职业和身份的多元生活的人。

简而言之就是除了干好正职工作，获得正常收入以外，你还可以开发其他才能，打造个人品牌价值，从而拓展出另外的收入渠道。

比如我们一般名片的头衔只有一个：某某公司的经理。但是斜杠就意味着你有多重身份，比如：某某公司的经理/画家/时间管理达人/作家/自媒体大V。

我提倡的“斜杠力”打造有两个要点：

第一，先累积经验，干好自己的本职工作。如果你自己的本职工作做得一团糟，这时你又去做“斜杠青年”，很有可能出现两边不到岸的情况。正确的做法是把工作做好的同时，利用业余时间培养职场外的多重竞争力。

第二，找到自己的优势和定位，致力于建立个人品牌价值。也就是说，你本人具有价值，即使没有组织背书，你的能力也能够被外界认可。

我的一位朋友C，两年前被公司辞退了，当时她非常惶恐。她一直对收纳感兴趣，后来她潜心钻研收纳这个领域，结果她成功了。现在她成为收纳达人，到处授课，收入远超于以前的工资收入。

你说你没有专长怎么办？

答案很简单，去找！

想一想你做什么事最带劲？你做什么事别人对你很认可？你最羡慕什么样的人？别人拥有的怎么样的能力，让你很崇拜？从这些地方着手。

一旦发现自己的兴趣和爱好点，则通过大量的阅读，市场的研究和实践，不断培养自己的专业能力，慢慢地让这个能力成为你的特殊标签。

你喜欢健身，想一想有没有可能往健身教练方向发展？

你在穿衣上特别有品位，想一想有没有可能从事形象设计？

你养“多肉”很有经验，别人都向你请教。想一想是否可以去在行申请做行家，或者开“多肉”社群？

你做PPT很好，是不是可以去做线上PPT培训？

你在育儿上很有经验，能不能写育儿文章，出书，或者成为正面管教培训老师？

……

总之，努力发掘自己在某个领域的爱好，并不断打磨，成为这个领域的专家人物。即使不考虑变现能力，从培养终身的爱好和专长方面考虑，也绝对值得投入时间和精力。

以我本人为例，我是一个传统领域的企业高管。以前，我不懂自媒体，也没怎么写过长文章。我也想不到，我可以凭一支笔杆，就吸引几十万读者的关注。

很多读者告诉我，喜欢我的文章，看我的文章得到启发。这些鼓励让我充满动力和信心，即使再苦再累，也要在写作这条道路上一直走下去。

我们身处的这个时代向前所未有的多样化方向发展。如此细分且需求丰富的市场，给我们每一个有专长的人，都带来无限多的打造多重身份的机会。

一旦你培养出自己的“斜杠身份”，你就不会再害怕公司发生的任何变化。

05

李开复说，人工智能这么厉害，50%的人都要失业了，我们该怎么办？

他建议更好地发挥我们的人文文化、艺术等这些美的作用。

人工智能记忆非常好。但是它真的不懂什么是美，不懂什么是艺术。

我们过去被生活所迫都走向了理工和商学院，而那些人文艺术反而被忽略掉了。也许机器取代了重复的工作后，反而给我们更多机会去发现生活的美。

李开复说的人工智能，也许离我们很远，也许就在不远的将来。

但是，在这个瞬息万变的世界里，我们每一天都面临着未来的不确定性。难道我们就真的无计可施了吗？

不是的！我们还是可以控制一样东西，那就是我们自己的命运。

不要听任命运的摆布，那是loser 的行为。真正勇敢又智慧的人，都会把命运牢牢地掌握在自己手里。

别再刷屏了！请停止这种无效的努力

01

最近一个前同事通过微信和我联系上了，过节时我们约出来喝茶。

她离开原公司后，一直没找到适合自己的职位，于是去年她开始尝试保险业务。

她问我："对保险业怎么看？"我说："现在应该是保险行业蓬勃发展的年代了，大家普遍都知道保险的重要性，如果能力和毅力足够的话，应该有机会。"

她苦笑着摇头说："我做得不行，一直没找到门路，每个月完成业绩都跌跌撞撞的。"

我看了看她的微信朋友圈，她发了很多关于各种保险的文章，有保险理赔的案例，有保险产品的介绍，有各种关于保险的重要性的提醒，每天都有刷屏似的无数条保险信息。

我问她："你这样刷屏，有用吗？"

她流露出意外的神情："难道不应该这样吗？如果不这样刷屏，别人怎么知道我在卖保险呢？我又如何让别人知道保险的内容呢？"

她说，为了更精准地传递信息，她还会通过微信一对一的发消息给联系人呢。

"你每天在朋友圈刷屏，有多少人会和你联系？"我问她。她尴尬地笑了笑："很少哦，可能我的好友还不够多吧。"

我又问："那你一对一发消息给人，又有多少人给你回复了呢？"她愣住了，半晌回答了两个字："没有。"

她很无奈地摊手说，也许这种方法没有什么用，可是她除了用微信渠道来发信息以外，也找不到更好的方法了。"不是说微信带来了人人微商的时代吗？我已经很努力在推销了。"

我告诉她，这哪里是在努力，分明是假勤奋。你想通过一味地索取来快速达成目的，这不但没有用，而且还起到了负面的效果，你原有的朋友圈人脉也许早被你消耗光了。

02

上周出差了几天回到办公室，看见桌上有一小包糖果，有张卡片在里面，上面写着：薇安，泰国手信，据说是当地最好吃的糖。署名：安妮。

安妮是一位保险代理人，我通过同事和她认识，同事是她的客户。我们沟通了一年后，我向她购买了保险，而且还和她成为了好朋友。

我有时也在思考，跟进我的保险代理人那么多，为什么我会选择信任她？

安妮很少在微信朋友圈发布关于保险的东西。偶尔看到她发的，就是她在接受保险百万圆桌荣誉时的笑脸，或者她受到公司奖励出国旅游的照片。

之前我还一度错以为她不怎么用微信。但是当朋友有需要的时候她就出现了，比如朋友需要帮忙转发东西，比如要募捐治病，再比如需要她投个票什么的。

我刚开始做公众号的时候，有几次看见她在转我的文章，并推荐朋友关注我。当时觉得很感动，因为我并没有拜托她这样做，而且她做了也没有@我。

当我想要咨询保险业务时，任何时候找她，她总是第一时间将方案从各个维度做给我，方案详细到不需要她解释，我就能看明白。她确认我收到方案后，也不怎么再追问我下一步计划。

我经常看完方案后就束之高阁，等过段时间想起来时，又找不到那个文件了。于是她会很快地再做一份，态度依旧如故，方案详细，但从不催促。她就在那里，不远不近。

每年我过生日时，她都会寄来一些不值钱但是又心意满满的小礼物：比如一本刻了我名字的小笔记本，再比如几支她去日本买回来的圆珠笔，又或者是一张盖满特殊钢印的贺卡。

她旅游回来也总是托人带来手信，和生日礼物如出一辙，东西并不起眼，但总让人感觉到礼轻情义重。

有一次我托她从香港带支唇膏给我，她把东西送到我公司前台，留下我的名字就走了，她知道我白天工作很忙，甚至一分钟也不愿耽误我。

她不推销产品，但她让你知道她一直在关心你；当你需要她的时候，她会第一时间出现。

她的专业度和默默付出赢得了客户的信任和友谊。她的很多客户都会主动向别人推荐她。她一直是她们公司的业务佼佼者。

03

经常有些人加我微信后，二话不说就发来这样的推送：

“加这个二维码，赚零用钱。”

“请在我朋友圈点个赞。”

“香港代购，保证价格最低。”

“免费领，真实有效。”

每次看到这样的推送，我都觉得十分可笑，人们凭什么相信你？难道就因为你发了一次信息，就会按照你说的去做吗？你让人帮你忙的同时，你有没有付出过什么？ 如果没有，你有什么资格索取呢？

一个心智成熟的人，首先会考虑自己的行为给他人带来的影响。只懂得站在自己的角度为己谋利的人，永远长不了大出息。

我也常在微信朋友圈看见类似这样的广告刷屏：

“我代理的××产品，品牌绝对最优，已经卖出去××销量。”

“澳洲××产品，至今收到××客户反馈，100%有效。”

“史上最有效的××产品，保证用过都说好。”

“××保险，最高性价比。错过不再有。”

这些广告通常都具有这样的特点：口号极度夸大，一天多条刷屏。就怕别人不被这样的广告词吸引，或者怕别人看不到自己发布的广告。

我从来都认为微商靠自己的努力去赚钱，这种行为值得鼓励。

但是现在很多人走入了一个极端，他们觉得拼命地刷屏就代表努力了，他们认为靠不断地卖广告就能提升销量。

这种做法其实是一种不动脑子、假勤奋的无效努力。

做微商能成功的核心要素，除了产品外，更重要的是个人品牌的打造。

人家为什么要向你买东西？电商如此发达，商品如此丰富，难道人们除了从你这里获取信息，就没有别的渠道了吗？向你买东西只有一个原因，那就是你！

如果你有内涵够专业，如果你的个人形象可亲可敬，如果你值得信赖，那么生意自然会来。

在报纸流行的时候，我每年都订《南方都市报》。一方面我喜欢看新闻，另一方面我要看一些对我有用的广告，比如房地产广告等。所以广告并不多余，相反，广告是我们获取信息的来源之一。

但是如果一份报纸，全都是广告，我还会看吗？当然不会！我订《南方都市报》的最重要的原因是因为它的资讯丰富以及思想独立。

用在个人推销上也是同样的道理。只有成为一个有温度并具有思想和专业性的人，你才有价值，你的商品才能更好地被出售。

很多微商一抓住机会就拼命地微信加人，然后对外宣称自己朋友圈人脉有几千人，但是事实真相可能是绝大部分的人都不堪其扰，已将对方朋友圈屏蔽。

04

人们总是急于推销自己的产品，找一种办法可以迅速成功。但是真正想做成一件事，就需要获得别人的尊重和认可。这绝非靠刷屏广告就能达成。

方向错了，无论怎么玩命，也不可能成功。

所谓人脉就是一种公平交换

微信发展到今天，好友早已不是原来的定义了。两个陌生人认识，可以不交换名片，但是一定会互加微信。加了微信就是好友了吗？当然不是。

所谓人脉就是一种公平交换。如果双方圈层相差较大，平时没有交流，一味索取和一味奉献都不能叫人脉。

我以前的同事以为不停地发广告给自己朋友圈里的人，别人就会买单了。这是一种只知道一味索取的不公平的交换，发展到最后可能原有的人脉都会进入恶性循环。

提高自己的能力，不给别人添麻烦，并且从利他的角度出发，才能赢得真正的人脉。

想索取请先付出

做销售都必须懂一个道理，那就是要做事先要学会做人。

安妮很少推销自己的产品，但是只要你有需要，她的方案总是比一般人做得更为全面和清晰。

而且安妮让你觉得她不是为了卖产品和你交往，她是真正关心你。我们除了谈保险，还谈工作、家庭和生活。她把客户当成朋友，以坦诚和真诚相待。

当一个人带着功利心和别人交往时，会给对方带来很大的负担。别人常想，他又来推销了，我还没做好决定，这个时候最好是避而不见吧。

我和安妮认识一年后，才买了她的产品。在买产品前后，我和她的交往并没有发生本质上的不同。当两个人成为朋友后，买卖的发生更像是一种自然而然的行为。

有买的需求，就有卖的发生。交易其实是一种平等行为。但是为什么向你买，而不和别人买？不是因为你的产品是世上最棒的，而是因为你值得信赖。

所以想索取，请先学会付出。人际交往就是一个储蓄银行，你对别人关爱和付出，就相当于在银行里存了钱。不存钱哪来的取钱?

少一点功利心，多一点平常心，成功的可能性才会更大。

速成绝无可能

这个时代有些人活得很浮躁，很多人受到所谓“成功”的诱惑，希望自己也能一朝致富。

有些人视微信为唯一销售渠道，不停地主动加人，一旦被对方接受成为好友，就开始发送各种推销广告，妄想着别人看到这些广告就会成为你的消费者。

这是一种急功近利的行为。

一个好的销售人员，必须要接受现实，那就是成为专业人士需要时间，没有办法一蹴而就。打造专业形象需要时间，这个无论是从销售本身来说，还是从身边朋友对你的接受度来说，都不可能速成。

刷屏不会带来生意机会。想让别人买单，就需要打造自己的个人专业形象，并获得别人的信任。而不是靠一味的推销。

做事先从做人开始。还是那句老话，己所不欲，勿施于人。

一个人真正变老的 3 个标志

01

有没有哪一刻，你觉得自己老了？

前几天，有个小伙伴加我微信。他对我说：“薇安老师，我是一名90后中年人。”虽然说这话有点调侃，但我仍然能从和他的对话中，感受到他年近三十的焦虑。

刚毕业时，认为世界是属于自己的，虽然从零起步，但是还年轻，又有什么好怕的？反正自己有的是时间。

然而随着时间一天天过去，发现工作不是自己喜欢的，职位提升不上去，工资永远追不上房价和物价的上涨速度。除了年龄和体重增长以外，其他的一切都不尽人意。

前面有难以跨越的职级，后面有精力旺盛野心勃勃的年轻一代。不由得，慌了。

为什么怕老？无非是怕失去竞争力，怕不再有人喜欢。但是，年龄变大真的是衰老，失去竞争力的标志吗？

你一定看过这样的新闻：83岁的学霸奶奶李璐应聘阿里巴巴40万年薪的工作，从3000多名竞争者中脱颖而出，成为产品体验师。

你也许对这句话不陌生，“我已经36岁了，青春全都献给了收费站，除了收费啥都不会，也学不会什么，以后怎么活？”这位从事了多年收费工作的大姐，随着收费站被拆除，失去了赖以生存的工作。

那么，83岁和36岁，到底是谁真正老了？到底是谁失去竞争力了？

真正让我们变老的，不是年龄增长，而是心态老化。“老化”比“老”要来得更凶猛，更残忍。

02

28岁那年，我连跳了几级成为一家跨国企业的副总经理。在接手团队的时候，老板对我说：“要注意一下F这个人，我感觉他已经aging（老化）了。”

我看了看F的材料，他才32岁，并不老啊，为什么老板会说他老化？

老板说：“我说的aging不是指他的年龄，而是指他的思维和做事方式。在企业里，最怕的就是员工老化。跟不上发展的人，就应该被淘汰。”

那是我第一次接触老化这个词。在此之前，我一直认为老只和年龄相关；现在我也意识到，一个人被打上了老化的标签，他的发展就岌岌可危了。

F是一位老资历员工。他心里挺看不上我。我是个女的，年龄比他小，而且在公司资历也不如他。

当时我们业务增长遇到瓶颈，经过研究，公司决定推行一个大的变革项目，对原有的模式进行颠覆性的改变。

在沟通会中，F跳出来反对，他认为这个项目风险太大，会把合作伙伴全部得罪光，这样带来的后果将是销量下滑。

尽管我耐心向他解释项目的利弊和后备方案，他却说："我在公司6年了，我来的时候，我们的业务只是现在的50%，如果我们用错了方法，怎么增长会如此迅猛？我为什么要相信你的新方法比我现在的更好？"

事后他对别人说："这套新玩意，就是咨询公司做出来骗公司钱的。即将要上的系统，我一看头都大。听都听不懂，还谈什么执行。"

原来，他反对的原因并不是真的觉得项目做不成，而是他根本就不想学。

谈来谈去无果。项目箭在弦上，需要人手来推进。而F又不愿意做，于是我不得不从其他部门调人过来协助。

在所有人的努力下，项目经过了一年时间的艰苦执行，最终大获成功。

而F在这段时间里，一开始说风凉话，见没人搭理他，也就渐渐沉寂了，他慢慢成了一个被边缘化的人。

后来他申请调去了其他部门。新领导对他也不满意，有一次他和领导大吵大闹，最终导致被动离开公司。从此就彻底没了消息。

有一次我和老板又谈起了F。

老板说："我不太喜欢用年龄大的基层员工，这绝不是年龄歧视，而是很多人随着年龄的增长，他们早已停止了成长的脚步。不能接受新观点，不肯向别人学习，抱着过去积累的经验不放，会成为个人发展最大的障碍。他们的眼界和学识有局限，他们的精力也不再有优势。这样的员工会成为公司最大的包袱。"

03

年轻的时候，最大的优势就在于精力旺盛，充满了好奇心，学习能力强。

伴随着年龄的增长，除非你刻意为之，否则这些优势会慢慢消失。因为家庭、孩子以及一成不变的生活，都会让人丧失前进的动力。

正是因为充满着危机感，也害怕被套上老化的标签，在意识到年龄和精力不再有优势的时候，我加快了学习的步伐。

我也因此在职位上越做越高。尽管如此，我仍然不断提醒自己，除了努力工作以外，要时刻保持开放的心态，了解行业的最新趋势，向身边的人学习。

今年过年，我去参加高中同学聚会，一屋子的人谈的全是吃喝玩乐以及家庭的琐事。其中一位同学抱怨说工作很烦心，老板是傻帽等等。于是我建议他看几本书。

同学说："我已经几百年没看过书了，书上那套理论都是纸上谈兵。"另一同学说："估计现在还在上进的人，也就只有薇安了吧。"说完，大家都笑了。

我没有说什么，他们说得对，我是一个另类。不过我绝对不会成为无所事事、消极抱怨的"中年油腻妇女"。

人们往往认为，人到中年就必然引发中年危机。事实上，年龄并不是问题的导火索。如前文所述，老并不可怕，心态老化才可怕。

我的学员曾经在一家私人企业工作，创始人是一位老人。这位老人退休后76岁才开始创业，没有任何经商经验的她，从零开始学起。她每天骑着自行车上班，从不迟到早退，生活高度自律。现在她已经81岁了，企业财务状况良好，她仍一如既往地活跃在管理岗位上。

还有同是81岁的"中国最励志大爷"王德顺。他49岁"北漂"研究哑剧，50岁开始健身，65岁学骑马，78岁学摩托车，79岁上T台，拍电影。至今身姿挺拔，引领时尚风潮。

他们虽然年龄老了，但是心态却仍然年轻。

王德顺说："永远没有太晚，没有谁能阻止你成功，除了你自己。"

我身边的人，有人年纪轻轻已经颓废老化，有人50岁了还在不断提升自己的竞争力。

那么，一个人真正老了的标志是什么呢？

1.不再对新鲜事物抱有好奇和兴趣

他会认为这些东西和他的工作生活无关。网购？大都是假货。在线教育？全是骗人的。

我有一个同事才45岁，没有进行过任何网购。问他为什么不用？他说，好麻烦，怕资金不安全，反正我也不爱购物。

我有一个朋友做培训行业很多年，发展遇到瓶颈。我一直劝他尝试在线教育，他根本听不进去。

他对我说，他的特长就是线下，我那套他看不懂。

当人们缺乏对新兴事物的兴趣时，新世界的大门也就对他们关闭了。

2.停止了自我的成长

你看看周围的人，是不是很少有人坚持看书和学习？

他们都在干什么呢？白天上班，下班后享受生活。

我不觉得享受生活有什么错。但是一边抱怨社会的不公，一边担心自己被淘汰，一边靠娱乐打发时间，这难道不是自相矛盾吗？

除非你已经财务自由，否则遇到问题应该勇于面对，而不是逃避，要知道问题不会自动消失。

停止努力，放弃自我成长的那一天，也就意味着你很有可能逐渐失去对人生的掌控力。

3.批评年轻人

前两周我去参加一个论坛，其中有几位90后的发言十分精彩，打开了我的新思路，事后我向他们请教一些细节。

有一位小伙伴把我们的合照发到朋友圈说，薇安姐是一个特别谦虚的人，她总是说："我不懂，你教教我。"

我的确不懂。这个世界发展又如此之快，想不落伍，我有什么资格不去向年轻人请教?

但是很多人不是这样想，尤其是在企业里。他们看不惯年轻人的做法，听不进年轻人的建议，总是质疑别人的观点并百般挑战。他们骨子里认为，你有多少经验？可能还不及我的一个零头。

毛姆说过："年长者最大的修养就在于，控制住批评年轻人的欲望。"

我认为这不仅是修养，更是心态的问题。

04

吴晓波曾在一个论坛上说过一句话：那些60后、70后以及不久以后的80后，都将退出历史舞台，这个世界已经和你无关。

我当时就坐在他不远的地方，对他这一观点，我既认可也不认可。

我承认他说得有代表性。当你认为这个世界的变化和你无关时，你就主动选择退出了。

但是这种区隔不应该以年龄为唯一标准。年龄只是一串没有意义的数字。真正起决定性作用的，是心态。

我们生活的这个时代，有无限可能。但是不要指望有人会主动邀请你，也不用担心有人会踢你出局。只要你不离开，你就永远在舞台上。

《爱丽丝梦游仙境》中红桃皇后一语道破天机：你必须全力奔跑，才能停在原地。

如果时间可以倒流，这3件事我绝对不会做

时间怎么可能会倒流呢？这样的话无非是安慰自己罢了。

有人说，要过一种无悔的人生。

听起来很有道理，但又有谁能真正做到不后悔？毕竟岁月是会让人付出代价的。有些事不经历过，永远长不大。

如果你问我，有机会重来，有哪些事你不会做？虽然覆水难收，但我还是很愿意与你分享我的经验，作为借鉴。

01

排名第一的是忽视健康。

我是一个比较好强的人，做一件事就希望把事情做好。这样的性格让我在职场发展得比较好，但是也间接搞垮了身体。

有好几年的时间，我管理的区域很大。几乎每周都在出差。常常周一一早走了，周三飞去另一个城市，然后周五飞回来。飞到外地后，就马不停蹄地开会、加班、熬夜，一刻不歇。

后来我的健康就出问题了。各种不舒服，没完没了地跑医院。

我虽知道身体处于亚健康状态，但仗着年轻，总觉得不会有什么大问题，好了伤疤就忘了痛。

巴菲特年轻时想拥有一辆汽车。他16岁时做了一个梦，梦中有个精灵告诉他：“我送你一辆你喜欢的车，不过你要答应我一个条件。这个条件就是，这是你此生所拥有的唯一一辆车。所以，必须用一辈子。”

这个梦给了他终生的启发。大家可以想象一下，如果这辆车你必须用一辈子，你会怎么做？

你肯定会十分爱惜和呵护，对吗？哪怕有一点凹痕或擦伤，你都会立即修复。

我们的大脑和身体也正是如此，我们要使用一辈子。如果我们长期忽视或者损害身体，那么之后面临的就是健康极度受损的状态，就像不被好好保养的汽车一样。

而我们现在的所作所为决定了几十年后大脑和身体的健康状况。

拼搏固然重要，事业固然重要，但是绝对要谨记，健康才是最最重要的事。想想那部唯一的车吧，不要以为年轻就有挥霍的资本，对不起，你没有。

02

排名第二的是只有打工心态。

为什么不能有打工心态？在解释这句话之前，让我给你说两个故事。

三只松鼠的创始人章燎原，他原本是一位职业经理人。从2003年起，他一直在安徽一家食品公司担任营销总监，董事总经理的职位。2012年他辞去工作，创立了“三只松鼠”互联网品牌，大获成功。

我的一位同事，他是一个做事很努力的人。他在工作中不断累积客户关系，研究渠道策略和打法，业绩深受老板认可。后来他发现有个客户的痛点，竟然没有一家公司可以提供解决方案，于是他辞职创业，在短短两年，就被上游公司以5000万收购。

我为什么要说这两个故事?

无论三只松鼠创始人还是我的同事，他们创业都不是横空而出的。他们在做职业经理人时，并不是每天完成本职任务就拉倒了，而是在身处的领域，处处学习，不断累积经验和人脉。当时机到来时，他们能准确地发掘机会，并利用自己过去的积累获得成功。

纵观所有由职业经理人转型成功的企业家，全部都是一样。比如雷军，稻盛和夫等。他们都是先在本职工作中做到极致，从职场中养成的经验、能力、洞察力和人脉，最终帮助他们创业成功。

但是，多数打工者不是这样的心态。好一点的，努力耕好自己的一亩三分地，但对自己部门以外的事情没有兴趣过问。差一点的当一天和尚撞一天钟。

事实上，公司的平台有非常多的资源，只要你善于学习，处处留心，长年累月下来，你的能力将会很不一样。

所以最正确的工作心态应该是为自己工作的心态，我称之为创业者心态。常常问自己，如果这家公司、这块业务是我自己的，我会怎么做？当你在为未来做准备时，你就会把工作做到极致。

以终为始的态度可以不断提升个人能力，帮助你做出优秀的业绩，从而进一步助力你在公司向上发展。如果有一天你想创业，你过往的积累会使你的成功率大幅提高。

而很多职业经理人出来创业失败的原因，也是当年在职场的基础打得不够扎实。混得不好被逼出来创业，失败的可能性非常大。创业比打工难百倍，到时就会感叹书到用时方恨少。

03

排名第三的是没有重视个人成长。

再怎么强调个人成长也不过分。这个道理我也不是一开始就懂。

刚毕业那几年，我白天努力工作，业余很多时间都花在了看电视、逛街和旅游上。有时也会觉得空虚，但是看看身边的人，不都一样吗？于是我就释然了。

尽管一切看似都好，但我却感觉到危机感很重，生活很迷茫。

直到有一天，我下决心逼自己看书。一开始我设定一个月看一本书的计划，然后在QQ 空间打卡，写读书笔记。随着习惯的养成，我开始一个月看两本、三本、四本。

我爱上了看书。通过看书丰富了精神世界，也解决了生活和工作上的很多问题。

书读得越多就越能发现自身认知的局限，于是便愈发热爱学习。不懂就问，不会就学，我在求知这条路上乐此不疲。

有一天，我的好朋友和我诉说工作上的苦恼。我问她："你看书吗？你除了工作以外，还坚持学习，或者培养一些自己的兴趣爱好吗？"

她摇头说："工作已经那么累了，哪有时间做别的事。"

我告诉她："应该在下班后关注自己的成长。你多读书，就能带来心智的提高；心智的提高，可以帮助你解决工作上的难题。如果你可以在业余时间下功夫去培养一些自己的兴趣爱好，或许经年累月，你的人生会更有趣。"

工作和个人成长绝对是相辅相成的。可惜的是，我们身边有很多人，工作时不用心，业余时不学习；羡慕着别人的成就，自己却虚度光阴。

有句话说，我们常会追忆过去，后悔没有努力或者无所作为，岂不知当下的时间在你的惋惜中已悄然溜走，又成为过去。

我们往往盼望未来，憧憬一切美好，岂不知在你的幻想中，未来的时间已经成为现在。

生命是当下决定的，多少有意义的过去，多少美好的未来，由你现在的行为决定。

走过的路不能后悔，但是可以调整方向重新出发。既然人生不能回头，那就用心去对待自己脚下的每一步吧。

当你迷茫时，你应该做什么？

我最近一次低潮期发生在年初。

还没从春节的长假中完全醒过神来，就遇到了工作上的巨大挑战。生意下滑，人员流失，业务顽疾无法解决。

每天疲于奔命，但却像在迷雾中前行，看不到方向。

以前很少有睡眠问题的我，接二连三地失眠，导致健康亮出红灯。人的身体一旦不舒服，就更容易产生悲观情绪。

在睁着眼睛到天明的晚上，我陷入迷茫。我一遍遍问自己，未来在哪里？怎样才能有突破？

我婆婆是个心地善良的人，内心脆弱的她遇见一点不顺就容易流眼泪。

每次她抹完眼泪就会感叹地对我说："还是你坚强，相处这么多年，从未看过你哭泣。"

没有在深夜痛哭过的人，不足以谈人生。我只是习惯了独自解决问题罢了。

以前我总是很羡慕那些生活光鲜的人，深以为他们的人生一定是一帆风顺的。

我以前的老板激励我们经常说的一句话是，既然你不出生在李嘉诚的家里，你就必须要努力。

但当我接触很多富二代后，我发现富二代其实并不容易。

多数受过良好教育的富二代，都希望摆脱父辈的庇护，靠自己的能力来向父辈们和外界证明实力。

这些富二代拼搏的程度一点都不比我们少。虽然他们的起点和资源都优于一般人，但这也意味着他们对成功，有着更强的渴望，承担着更大的压力。

随着年龄的增长，人脉和阅历越来越丰富后，我开始深深地意识到，没有所谓的完美人生。表面上的光芒四射，背后都是千锤百炼。

每个人生存在这个社会都不容易，不同阶层不同阶段的人，都会遇到困境和挑战。

人生不顺之事十有八九。在无数次挫败和沮丧后，我明白一个道理，生活中的很多问题不一定都能在当下找到答案。

当生活给你出难题的时候，当你不知道何去何从时，你是选择自暴自弃，看扁自己，还是选择越挫越勇，决不放弃？

我选择后者！

如果你对现状不满，如果你饱受挫折，如果你对自己缺乏信心，如果你想不清未来的路该怎么走，在迷茫低谷期的你，该怎么办？

停止内心消极对话

人在迷茫期时，都是自信心极度缺乏的时候，很容易否定自己的能力，对未来的不确定性充满恐惧。

这时请停止“我是loser"”“我太没用了”“我一事无成”“我未来没有机会了”“为什么我这么差”……这些消极负面的内心对话。这些贬低自己的评价，除了让心情雪上加霜外，什么好处都没有。

你要换一种方法问自己：“为什么别人可以，我不可以？”“我要怎样才可以？”问自己强大的问题，把对自己的质疑和贬低，转向问题的解决上来。同时学会自我鼓励和激励：你比你想象中要更好，知道吗？

不要因为遭受到了挫折就否定自己。

人生就是一场长跑，不到终点都不能定输赢。谁也不能逼你停止赛跑，最怕的就是你自己放弃。

锻炼身体

相信我，如果你爱上一项运动并坚持下来的话，你的人生态度和精神状态将大有不同。

很多年前，我曾经得过短暂的抑郁症。当时思维陷入了死胡同，怎么都想不通，出不来。

我和一位友人聊天。他给我提了一个让我终身受益的建议——去跑步吧。跑步到大汗淋漓时会分泌内啡肽，这是一种有类似吗啡效果的东西，你会快乐。

当时属于死马当活马医的我，真的去了。结果成功地自我治愈。

神奇吗？就是这么神奇。

我爱上了跑步。每当我迷茫时，我一定会每天跑步，坚持几天我的状态就回来了。

能不能想通不重要，找不找得到解决方法也不重要，重要的是当我们精神饱满时，我们就有机会重新赢回这个世界。

学习！学习！学习！

你想不明白怎么办？去看书，去学习。

看什么书，学什么东西？

这个时候请忘掉功利心。

学习的目的是为了让你停止胡思乱想，并且将注意力转向扩展视野，提升能力上来。

去看名著小说，看名人传记，看心灵鸡汤，看那些你能看得进去的经典书籍或者正能量的书籍。

去参加培训课。很多知识你现在未必需要，但是学习了就有机会用得上。

舍得投资自己的人，会走得更远。只要有技能傍身，你就有逆袭的可能。

我毕业后的两年，每周用两个晚上去学英语。那时我在一家本土的小公司做秘书，月薪1500元，压根用不着英语。我当时只是觉得，学英语充实下自己也没什么坏处。

后来我抓住了一个去跨国大公司面试的机会，面试我的人是个在美国出生的华人。他用蹩脚的中文和我交流了一会儿，就改成了英文。

我，一个没有相关经验的从小公司出来的人，凭着流利的英语最终获得了这份工作。月薪从1500元一步跨越到6000元。命运从此改变。

你根本不知道什么技能用得着，什么技能用不着。你只要把握一个原则，投资自己，提升能力就永远不会错。

不要任由迷茫的心情蔓延，努力寻找让自己重新振奋并充实自己的方式。

你不一定能够解决当下的问题，但只要你拥有积极的人生态度并不断提高自己的能力，你的未来就会有无限可能。

不自信，从假装自信开始

01

卡耐基曾经说过，自信，是你做任何事都必须要有的正确心态。无论你是攀登珠穆朗玛峰，还是和别人说话，自信都是你成功的基本前提。

前段时间公司业务扩张需要招人，于是我展开了密集面试。由于是和互联网相关的领域，招聘的对象是以大学刚毕业的年轻人为主。

经过几轮面试，我们从众多应聘者中最终确定了一些合适的人选。

他们每个人的性格特点都不一样，但是有一点却是相同的，那就是自信。

在交流过程中，我可以感觉到他们有着非常积极认真的工作态度，他们知道自己需要提高的地方，以及未来的发展方向。

因为这份自信心，尽管他们工作经验并不丰富，也让我们对他们的未来充满期待。

拥有自信心是一个人成功的基石。无论生活、爱情还是工作，若想过上精彩人生，若想活得漂亮，首先要具备的能力就是自信心。

但是建立自信心并不容易。

我们在成长过程中，受到了太多不利因素影响，比如父母的不良教育方式，或者是在学习、工作和爱情上受到的打击，这些都有可能让我们或多或少带有自卑心理。

几乎没有人不自卑，只是程度不同罢了。自信和成不成功，有没有钱，或者经验够不够丰富并没有太大关系。

02

我常收到很多读者的留言，她们向我倾诉生活的困境，以及对自己状况的不满。很多时候，他们都会这样说，我该如何改变现状呢？我是那么的没有用……

有多少次我们脑海里的对话是这样的：

“我太丑了，他看不上我。”

“我太胖了，这件衣服我穿好难看。”

“我一无所长，我做不好。”

“我没钱，这件事我不可能成功。”

“我太穷了，这辈子没机会翻身。”

“我毕业的学校太普通，大公司不会要我。”

“我太年轻，和别人比我没有竞争优势。”

“我太老了，我这辈子就这样了。”

这些负面的内心对话，无时无刻不在我们的脑海中盘旋。

要建立自信心，首先要停止这些令人泄气的内心对话。

你要知道，总有人在某些方面比我们更强，我们基于比较而贬低自己，除了让自己更加自卑，这样做没有任何好处。不要任由思想泛滥，而是要有意识地控制负面情绪。这个世界其他人怎么看不重要，关键是自己怎么看。

我们都知道心理会改变行为，行为会改变结果。如果你不自信，那就假装自信吧，一直到你达成目标为止。

这听起来好像很假，是吗？

TED上有一个真实的故事。一个叫Amy Cuddy的哈佛大学教授，她从小就是一个很聪明的姑娘，但是19岁那年她发生了严重的车祸，头部受到重创。

她不得不从大学休学，所有人都告诉她，她的智商下降太多，她回不去大学了。

她虽无助，但仍努力学习，最终她从大学毕业了，比同龄人晚了四年。

后来她说服了她的导师，让她进入普林斯顿大学攻读硕士学位。她很自卑，她当时觉得以她这样的低智商，不应该在这里读书。她想放弃，但是她的导师告诉她，不可以！她必须要假装自信，直到完成学业才行。

后来她去了哈佛大学当教授，有很长一段时间她都没有自信，仍然觉得她没有资格在这里。

她有一个学生，平时不怎么说话。有一天，她对这个学生说，你整个学期没有说过话，你得参与进来，否则你过不了这一科。

学生感到很挫败，缺乏自信地说，我本不应该在这里。

Amy突然意识到她完全懂那个学生的自卑感受，而且神奇的是，她从此再也不自卑了。

她搂着学生的肩膀激动地说，不，你应该在这里，你可以假装自信，一直到你成功为止。明天开始你就假装自信，你要让自己充满力量，你会发表最棒的论文。

结果如她所愿，那个学生真的发表了最棒的论文。

Amy Cuddy 后来在TED 上发表了非常精彩的演讲：《肢体语言塑造你自己》，影响了成百上千万人。

如果你想过上无悔的人生，如果你想追求梦想，那么请停止贬低自己。

你要不断地心理暗示，告诉自己你是最棒的。你要假装自信，然后不停地努力，不停地努力，直到你成为那个你想成为的人。

没有人能给我们信心和勇气，除了我们自己。

03

一个人对自己掌握的技能练习到炉火纯青的时候，就能拥有自信心。

当你要向老板汇报工作，当你要面对一大堆观众进行公开演讲，当你要上场比赛，当你要上台表演时，如何克服紧张情绪，让自己自信表达?

“100定律”可以帮到你。如果你在台上讲1分钟，那么请在台下花100分钟时间准备，反复练习。当你经过了上百次的反复练习后，即使你刚开始上台紧张，你也会很快淡定下来，从容不迫地进行演讲。

做任何事都是这样，通过不断努力和练习，每成功一次都会增添一份自信。身经百战自然信心满满。

问题是很多人在第一次失败时就丧失了信心。有多少人在面对否定时仍然能坚持下去呢?

爱迪生发明白炽灯，试验了成千上万次。J.K.罗琳的“哈利·波特”稿件也是被出版社拒了许多次才得以成功。

多数人恐怕被拒3次就心灰意冷了吧。持续被拒就开始怀疑自己的能力，最后干脆转行算了。

《钝感力》的作者渡边淳一在书中曾提到一位才华出众的作者。这位作者只因初出茅庐时被编辑多次拒稿，便心生自卑，没过多久竟完全销声匿迹了。

要想建立信心，请勇敢地去做你想做的事。然后反复练习，无惧失败，一直坚持到烂熟于心为止。

04

当我们要做一件事的时候，总会有很多反对或者质疑的声音：

“你考不上这所大学的，何必浪费时间？”

“你没有经验，你不可能成功的。”

“你已经失败了几次了，难道你还嫌不够吗？”

“你年纪不小了，转型代价太大了。”

“现在市场竞争对手太多了，你没机会了。”

“风口和红利期已经过去了，你来得太晚了。”

“你都不年轻了，再挑谁还要你啊。”

“你不听我的，到时别后悔我没提醒你。”

说这些话的人，也许是出于好意。但是“善意”的提醒往往会拖住我们，让我们对现实进行妥协，对自己缺乏信心。

当你面对挫折和迷茫，当你身边围绕着消极的声音，请你勇敢地远离那些拖你后腿的人。

静下心来想一想那些我们经历过的引以为豪的事。我们人生中一定有一些值得骄傲的事，不是吗？

考上一所大学，出版一本书，主办一个社团活动，赢得一项比赛，拿到一家大公司的offer，赚到人生第一桶金，做一件事让爸爸妈妈感到骄傲……

把自己拥有的优秀品质，自己经历过的小辉煌写下来。当我们感到心灰意冷，当我们被消极的言论左右时，拿出来看一看，让积极的思维重占上风。

《小狗钱钱》里也讲了写成功日记的重要性。每天把自己做的很棒的事记下来，这些事不一定要多么了不起，只要比之前更有进步，就值得记录。通过写成功日记，培养自信心。当回头看这些日记时，就会提醒自己，我们比想象中更优秀。想想看，如果我们不对自己说积极的话，还有谁会对自己说呢?

你一定要记住，没有人对我们的人生负责，只有我们自己才是命运的主宰!

05

成功的人生没有标准，不在于金钱名利，而在于做你喜欢做的事，成为你想成为的人，过上开心的生活。这样的人生，才叫过得精彩，活得漂亮。

这一切都需要你拥有自信，勇敢迈出第一步，并坚定地走下去。

想清楚了就放手去做吧。

只要活着，任何时候开始都不会晚。

这两点，拉开你和别人之间的差距

每个人的一生一定会遇到很多机会，有时候抓住一个机遇就足以改变命运。但是多数人对机会熟视无睹，或者抱有怀疑和观望的态度，白白让其流失。

我经常被问到一个问题，到底怎么做才能够抓住趋势，更快地提高自己的能力？我这两年总结出来的经验是两点：第一，不断地尝试；第二，有意义的坚持。

1.不断地尝试

你知道我们一生中，成长最快的是哪个阶段吗？儿童时期。

当孩子长到1岁的时候，他们就会学走路。从扶着墙一步步慢慢走，到松开父母的手独立行走。在学走的过程中，孩子会不停地摔跤，但是他们不会因此放弃走路。当摔跤越来越少时，走路就越来越稳了。

等孩子长大一点，他们就开始什么都想去尝试。他们有时会吃到不合适的东西，因为想知道那是什么味道；他们有时会受伤，因为想去触碰感知；他们通过实践，学会了对世界的认知。

当孩子学会讲话后，他们就会问“十万个为什么”。孩子对万物抱有好奇心，他们会问你各种各样的问题。他们像海绵一样，尽情地吸收着所有的知识。所以父母都有一个感觉，那就是孩子每一天都不一样，每一天都在成长进步。

对世界的好奇心是我们快速成长的一个不二法门。只有拥有好奇心的人，才能保持旺盛的学习力，才会敢于不断地尝试新的东西，从而发现新机会。

很多人一看见新的东西，就习惯抱有排斥或者质疑的眼光。这种思维在今天只有一个结果，那就是落伍。

因为当今的时代，机会往往就在新事物中产生。那些没有变化的传统领域，同时也意味着几乎没有新的机会了。所有想逆袭的人，都需要深刻地意识到这一点。

我有个朋友每次看到我在看书就抱怨，市场上的书鱼龙混杂，买到一本烂书简直是在浪费时间。

我告诉她，如果因为怕买到烂书而不去看书，那才是本末倒置的行为。如同你怕摔跤而不去走路一样。一本书如果有一段话让你醍醐灌顶，那么这本书就值得看。一堂课如果有一个概念引发你的思考，那么这堂课就值得上。

有人很好奇为什么我懂那么多知识。我看很多书，但是我并不能记住每一本书，我也不觉得所有书都很棒。我只记住那些对我有用的要点。而我们的知识累积就是由每一个看似不连贯的知识点汇集而成的。

我总是不断尝试新事物。新的项目，我通过综合判断认为这是个趋势，所以我从零开始学习。新的领域，我通过了解认为可能是风口，所以我跳出舒适圈，像个小学生一样重新开始。

你也许会问，你不怕失败吗？你不怕“掉坑”吗？说不怕是假的。有谁愿意失败呢？

勇于尝试，不代表会成功，可是不尝试，一定不会成功。在行动之前，我会尽可能思考和调研。但是万一还是“掉坑”，那我就爬出来，然后告诉自己以后这类的坑不能再掉第二次。如果撞了墙，我告诉自己，下一次要绕道走。

每一次的挫折，都会帮助我们更快地提高。这就是成长的代价。

做风险投资的人都有一个概念，那就是可以投错，但不能投漏。如果投了100个项目，其中99个失败了，但是1个成功了，那么这1个就可以翻盘。

尽管风投会对所有项目做出详细的调研，但仍然有可能失败。做投资不能怕失败，因为凡是投资就具有不确定性。

一个好的投资公司，一定会做到两点，一是投资前详尽调研，降低失败概率；另外一个是投资过程中尽量不错过好的项目，如果能抓住一个机会，这个项目将带来巨大的回报。

我们的人生也是如此。没有人会担保你做了这件事，你的人生就会发生变化。但是你不鼓励自己尝试，你就会丧失机会。人生当中，只要能抓住几个机会，命运都将因此而不同。

所以，如果想抓住机会，就要拥有对这个世界的好奇心，多思考，不怕摔跤，勇于尝试。不要总带有排斥和质疑的眼光。当你视而不见，当你嗤之以鼻时，这个世界已经发生了变化，而你也将因你的保守而付出代价。

2.有意义的坚持

熟悉我的人都知道，我有多重身份。我是一个职场高管，也是一个妈妈。白天我在职场忙碌，平时经常出差，在家的时候我陪伴孩子，空闲时间我要看书学习。

当我开了公众号后，我的闲暇时间都奉献给了码字。做公众号是一件特别不容易坚持下去的事，尤其是开始阶段粉丝还不多时，费半天劲写了篇文章，结果没几个人看，那种感觉真的很挫败。

绝大部分人坚持了几个月，就放弃了。我觉得我比别人更有资格说放弃。我已经攀上了职场的高峰，我过上了自己想过的生活，说放弃轻而易举，而坚持却步履维艰。

可是往往坚持下去，你就会看见柳暗花明又一村。

我经历过一段非常艰难的日子，公司业务顽疾无法解决，身体状况差到要去住院检查，公众号粉丝没有增长……所有问题全部一股脑涌过来，我夜不能寐。尽管如此，我也没有想过放弃。我一如既往地努力，积极找方法解决公司的问题，每周跑步4天改善身体的亚健康状态，坚持写文章提高写作水平……就这样，慢慢地一切都走上了轨道。

TED上有个演讲，一个大学教授想了解成功的人都拥有什么特征，于是她访问了很多成功人士。这些人有人具有智慧，有人拥有高情商，有人抓住了机会，不同的人有不同的成功因素。

但其中有一个特点具有共性，那就是坚持，这是所有成功的人都拥有的品质。没有人能随随便便成功，每一个成功者的背后都经历过拼命努力和咬着牙坚持的过程。

我的同事问我，你负责的这个部门从无到有，经过了那么多内部和外部的挑战，在最艰难的时候，你有想过回去原来的岗位吗?

我仔细想了想摇头说，没有。当我遇到困难时，我并不是傻乎乎地坚持，我会动脑筋，研究其他品牌成功的经验，同时积极地寻找各种办法去解决。我相信困难的日子总会过去的。

我做公众号的过程中也是如此。我一直认为，没有阅读量只能说明你的文章水平不够，所以才要坚持写下去，提高自己的写作水平。

但我绝对不是盲目坚持。我去研究别人的文章为什么写得好，然后找到一些规律，再不断修正；我去向别人学习如何做公众号运营，然后不断地实践提高。这样的坚持才有意义。

很多人说坚持太难了。是的，每个人都能找到100个理由说放弃。但是成功者只有一个理由，那就是坚持下去。

他们会做有意义的坚持，那就是通过不断学习别人的经验，请教成功者，积极寻求解决方案，不断反思和调整自己的方向，调动一切资源来帮助自己坚持下去。

盲目的坚持并不可取，通过学习、反思和改进的坚持才有意义。

也许车尔尼雪夫斯基的这句话，应该是对坚持最好的诠释：“只有毅力才会使我们成功，而毅力的来源又在于毫不动摇，坚决采取为达到成功所需要的手段。”

勇敢地去尝试吧，如孩子般，对世界充满了好奇心和求知欲。

做有意义的坚持吧，如勇者般，无所畏惧勇往直前。

抓住迭代的机会，这个世界与你有关

01

同事L这段时间一直状态不好，有时候上班时间也找不到人。

于是，我把他找过来谈心，这才得知他家里出了状况。

原来，他爸爸得了重病在ICU，现在缺钱续命。

而他刚结婚买了房子，为了付首付，几乎把家中老底全掏光。他这些天四处筹钱，甚至动了卖房子的主意。

我们一班同事也倍感有心无力。正打算发动工会帮他筹款，过了两天，他跑过来对我说，爸爸看病缺钱的事，搞定了。

L说，他的一个大学上铺的哥们儿，一下子给了他几十万。还说不用还了。

我很惊讶，他同学好大手笔，是富二代吗？

他告诉我，不是富二代，只是因为这位同学现在成了千万富翁。

我更好奇了，才毕业5年，他怎么做到的呢？

L告诉我，原来，他同学在大四那年，搞起了比特币。当时还邀请他一起干。L果断拒绝了，认为这是不务正业。

同学看他态度坚决，于是给了他10枚比特币，告诉他，一定要收好，这个东西未来会很值钱。

我问同事，你的比特币现在很值钱了吧？

他苦笑着说，早给弄丢了。

我说，你后悔吗？

L茫然地看着我说，这样的机会，我至少错过了3个。其实也没什么后悔的，有些钱注定不是自己赚的。

我摇头，这种思维方法不对，如果不纠正，你会一直和机会失之交臂。

02

昨天，我突然想起了老同学麦克。他是我EMBA 的校友，比我低了一届。

那时他很拉风，从外企辞职创办了一家市场咨询公司，才短短3年，就得以成功将公司出售。套现几千万。他的案例成为一时佳话。

2015年，他开始第二次创业，这一次是做自媒体。可能是从事市场研究的缘故，他天性对趋势嗅觉敏锐。

有一次我在校友活动上遇见他，他开心地告诉我，他办了一个公众号，才做3个月，已经有10万粉丝。

那时，我嘴里应付他说“恭喜恭喜”，但是心想：10万粉丝值得这么高兴吗？

2016年下半年，他想接我们公司的广告，于是请我吃饭。

在吃饭时，他向我展示他们的自媒体矩阵，告诉我他已经有400万粉丝矩阵，每天活跃度高达50万人。现在很多大牌都找他投广告。上半年，他光广告营收就有3000万。

我听完也就听完了，仅此而已。

后来，我们在他那里投了一次广告，这件事也就画上了句号。

昨晚，我和我先生谈起赚钱模式，他说：“每个人的认知是极其有限的，有很多模式非常赚钱，但是外人永远也猜不到。即使知道，他们也无感，因为这件事与自己无关。”

他的这句话，让我突然想起了麦克。

当麦克告诉我他的公司仅成立了一年，上半年就赚了3000万时，我完全没有任何感觉。我就当是在听一个故事，我怀疑他是不是真赚了这么多钱，更何况，就算是，和我又有什么关系。

我没有想了解，他是怎么做到400万粉丝矩阵的呢？他是怎么赚到3000万的呢？他的成功经验，有什么是我可以借鉴的呢？

完全没有！

我后来也做了自媒体，但是比他整整晚了两年，错过了红利期。

现在想起来，如果我对他的成功抱有好奇心，当我第一次听他说3个月吸引10万粉丝时，那时我可以进一步了解，粉丝的意义在于什么？他为什么这么高兴？他是怎么做的？

这些也许对我而言就是一个新的机会。他可以做，那我是否也可以做呢？如果我效仿他的做法，是否意味着我也能够及时抓住这一波红利呢？

这里所有的失误都在于：这个世界与我无关！

03

三年前，我被公司选为电商负责人的时候，正是电商业务迅猛发展的时候。

我们公司是一个大型外资企业，绝大部分人从事着传统领域的业务。那时我们的部门刚成立，人手奇缺，想从内部转几个员工过来，向四处抛橄榄枝，竟没有一个人接。

我不死心，一对一去找几个印象比较好的员工，了解他们为什么不愿过来。这种爆发性增长的红利趋势，难道没有吸引力？

他们各个都面露难色，有的说，电商我一点也不懂，没兴趣。有的说，电商没有技术含量，不太看好。还有的说，我现在做得挺好，对那块兴趣不大。

无奈，我只好放弃从内部拉人，而转从外部招聘。

那时，就连我的领导们，也认为电商的玩法太简单，电商的向上趋势无非是撞了大运。

可是，事实胜于雄辩。回顾这3年业绩翻几倍的表现，电商天天都在创新，玩法比传统领域要更快更多样化。这哪里是一个没有技术含量，没有前途的领域呢？恰恰相反。这才是一个人才辈出的行业。

当传统领域的从业人员在面临裁员、冻薪的时候，电商人员却因为自己的业务成为公司的增长引擎，而水涨船高，不但在人才市场吃香，工资也高出一大截。

后来，待我们业务发展起来后，有一个同事找到我说，想转到我的部门来。我看了看她的年纪和资历，摇头说，恐怕不太合适。

她说，自己就是一个资深网购达人，当年知道我们内部招聘时，并没有想过去争取机会。因为感觉公司的电商业务，和自己的职业发展没有关系。但是，当自己部门生意年年递减时，这才想找个更有发展前景的岗位。

我说："是啊，很多事情，当看懂时，往往都错失良机了。"

04

马云说过，很多人一生输就输在，对新生事物看不见，看不起，看不懂，来不及。

这是多么痛的领悟。

过去的五到十年，新事物层出不穷，我们为此错失的机会还少吗？

可是，我们为什么看不见，看不起，看不懂？

因为，我们认为，这个世界与我无关。

当看见别人成功时，很多人都是抱着怀疑或者质疑的态度，他真的有那么成功吗？他是吹牛吧？他是采取不正当手段吧？他不过是运气好而已吧？

更多人则是持有这样的态度，他的成功关我什么事？他赚了钱与我何干？

这样事不关己的心态，会令你白白丢掉无数机会。

据说，每个人平均每7年都会遇到一次重要机会，你又该如何抓住你的升级时刻？

最重要的就是思维的转变：这个世界与我有关。

当你看见一些新生事物，当这些新生事物频繁出现在媒体上，或者出现在你的身边时，当看见你的朋友做某件事情取得突破时，你都需要有好奇心。

你可以这样想，或者这样问：

这件事为什么如此之火？

这件新事物，可以为我所用吗？

他为什么这么成功？

他的成功经验，值得我借鉴吗？

我可以做些什么，才能抓住这一波红利？

……

只有思维转变，你才会采取相应的行动。

你要相信，这个世界与你有关。

你应该如何正确面对焦虑

01

放眼四周，我很少看见有人不焦虑的。

我的下属，一个很优秀的90后，由于业绩出色，连升几级跳到了部门经理的位置，工资也比同龄人高出几倍。像他这么一位super star，却总是无意中透露出对未来的担忧。

他是北漂一族，要结婚买房，但是工资涨得再快也不及房价增长的速度。他爱旅游，爱消费，好不容易存点钱，出去玩一趟就花光了。

升职加薪给他带来的快乐转瞬即逝。一想到未来，他就倍感焦虑。

我的另一位90后朋友，毕业两年后创业。他有着很强的对商业和趋势的敏锐度，创业第一年就实现了盈利。现在公司也是估值千万。

就这样一位青年才俊，每次和他聊天，都能感受到他的焦虑。他总是觉得自己做得不够好，担心失去竞争力，害怕公司明天会倒闭。

这些混得不错的人，尚且焦虑，更何况其他人？还有无数人拿着低收入在事业上徘徊不前。结婚生子买房子，这些都如一座座大山压在头上，喘不过气。

不焦虑怎么可能？

02

人们常说，不患贫，患不均。当身边所有人都一样的时候，没有人会难受。但是，如果有人突然飞黄腾达了，而自己还在原地踏步，甚至退步，这就带来了一系列消极负面情绪。

所以，你的焦虑很多时候并不是别人引起的，而是你自己。你不想比别人差，你不想输给生活。

在当今这个社会中，我们面临着比以往任何时候要多得多的压力。

一方面社会正在发生巨变，很多人抓住机会迅速崛起；反过来，更多人却成了不进则退的代表。

另一方面资讯空前发达，我们很容易被社会上好的坏的消息所影响。总有人比你拥有更多优渥的条件，比你过得更好，由此也会给你带来危机感……这一切都会让你感到焦虑。

但是，焦虑有用吗？

让我们辩证地看待这个问题。

适度的焦虑对我们有帮助，但是过度焦虑会害了我们。

正是因为你对现状不满，你才会迷茫和焦虑。这样的情绪从某种程度上，会督促你发奋，并积极寻找机会。

但是，一旦焦虑过大，会反过来毁掉你。很多人或因此自暴自弃，或陷入抑郁，最后成为一个逃避现实，讨厌自己的人。

03

所以，我们该怎么办？

正确的做法应该是：

管理自己的焦虑情绪（不是逃避，而是直面）；

把注意力放在自我成长上；

去了解别人哪些地方做得好，哪些地方值得学习，自己应该如何改进；

去做那些自己可以控制的事。

《高效能人士的七个习惯》这本书在谈及“积极主动”这个概念时，讲述过影响圈和关注圈的概念。

影响圈是指你能直接影响哪些事情，或者是你能控制的一些事情。

而关注圈是指你很关心，但是你基本上不能够控制或者是你很少能够控制的一些事情。

哪些是你关注但是又不能控制的呢？别人发达了，别人买了房子，别人升职加薪了……这些都是你关注，但对你没有实质性作用的事。

哪些又是你可以控制并影响的呢？我们很多东西都不能控制，但是有一样东西是肯定可以控制的，那就是我们自己。

我们可以控制自己的思维、情绪和行为。如果我们把目标从别人身上转移到自己的身上，那么我们就能花更多的时间和精力去提高自己。

所以结论是：我们应该去不断扩大自己的影响圈（关注可控的事），缩小关注圈（减少对不可控事物的关注）。做好自己可控的事，把对外界产生的焦虑，转移到自身的成长上来。

只有这样，才能成为一个真正积极主动的人，从而最终带来更好的结果。

04

我很喜欢的演员孙俪，凭借电视剧《那年花开月正圆》获得了“飞天奖”优秀女演员奖。

这几年，孙俪接片子并不多。看她的微博，基本上是闲庭信步的感觉，不是晒娃，就是健身、泡脚或者旅游。

她不争曝光，也不制造话题，就这么不紧不慢地活出烟火气。

但是她认真对待她出演的所有片子，她每一次拍戏的敬业精神，都让人敬佩，让人称道。在网络上看到她背的台词本厚达一尺，她就这么认真地研究和勾画每一个重点，不分昼夜地背诵和排练。

她也因此拿遍了奖项，从金鹰奖到白玉兰奖再到飞天奖，她成了中国电视剧史上最年轻的大满贯女演员。

在竞争白热化，新人辈出的娱乐圈，你看不出她有什么焦虑情绪。她把焦点全部放在了自己可以控制的事情上。

不拍戏时，她是一个热爱生活的妻子和母亲；拍戏时，她全力以赴，确保每部片子都是精品。

这才是现代人应该有的态度。面对残酷的竞争环境，摆正心态，把自己做到最好，就是成功。

05

我们这一生的长跑，谁是我们的竞争对手？事实上，我们只和自己赛跑。

我的助理板栗姐说她爸妈是她心中幸福生活的代表。虽然生活在农村，但是他们对新事物总有好奇心，关心市井小事，也关心国家大事。他们闲时打打牌，种种菜，生活得很自在很开心。

他们的财富不多，但是他们的幸福感丝毫不比那些有钱人差。每个人都有自己的人生追求，并非只有大富大贵才是成功。成功没有标准模板，过自己想过的生活，经营好自己的小日子，这样淡泊名利又有什么不好？

没错。你无须和任何人赛跑。人生并非只有一条赛道，别人跑得再快那是他的事，而你完全可以在不同的路上，过着你最喜欢的、最擅长的生活。

正如张德芬在《遇见未知的自己》一书中写道：亲爱的，外面没有人，只有你自己。

任何人都无权说，你已经被抛弃，除非你自己放弃。

放弃成为更好的自己，放弃追求最想过的人生，放弃不断成长和进步。当你这么做的时候，你不是被别人抛弃，而是被自己抛弃。

最后，把这首网络上广为传播的诗送给你。

有人22岁就毕业了，

但等了五年才找到稳定的工作！

有人25岁就当上CEO，

却在50岁去世。

也有人迟到50岁才当上CEO，

然后活到90岁。

有人单身，

同时也有人已婚。

奥巴马55岁就退休，

特朗普70岁才开始当总统。

世上每个人本来就有自己的发展时区。

身边有些人看似走在你前面，

也有人看似走在你后面。

但其实每个人在自己的时区有自己的步程。

不用嫉妒或嘲笑他们。

他们都在自己的时区里，你也是！

生命就是等待正确的行动时机。

所以，放轻松。

你没有落后。

你没有领先。

在你自己的时区里，一切安排都很准时。

智慧的女性到底是什么样的？她告诉你答案

S是我上一家公司的CEO。几年前，她从美国接受新岗位任命。第一次亮相是在全体员工的年会上。那时我们彻底惊呆了。我们新的CEO竟然是一位如此年轻，如此婉约的优雅女性。

那时我们企业的业务陷入泥潭。我们心里其实挺捏着把汗的，像她这么斯文的女性真的行吗？

S就这样在众人质疑的眼光中开始了她的商业之旅。她上任后的头两年，实属多事之秋。我们企业遭遇一连串重创。就像一个病人，病还未痊愈，又再次病倒。一波未平一波又起，让人心力交瘁。

而S却总是云淡风轻的样子。每次开会，她都是面带微笑。她笑起来时，脸上有两个深深的酒窝，温暖下属的心。

我从没有见她骂过任何人。再大的事，她也总是温柔地微笑面对。

她告诉大家，越是艰难越是要笑，学会放松才能缓解压力。

我并不向她直接汇报。但是我特别欣赏她的智慧和情商，而她也很愿意在我身上倾注心血。我们经常吃饭或者一对一交流，她教我的不局限在工作上，还有人生和家庭。

几年过去了，公司在她的带领下，有条不紊地走上了增长的轨道，转型十分成功，业绩蒸蒸日上。

就在这时候，她突然发了一封信给所有员工，她要年轻时就退休了。

尽管不舍，但她走得很坚定。在给她的farewell party上，大家都哭了。

我还记得她送给我们的一句话。她说："子曰：'知者不惑，仁者不忧，勇者不惧。'"翻译过来就是，有智慧的人不会迷惑，有仁德的人不会忧愁，勇敢的人不会畏惧。

我总觉得这句话另有含义，但是我当时并没有悟出来。直到前不久，我才真正了解这句话的意义。

我约她吃饭，她欣然赴约。她满面春风，浑身洋溢着蓬勃的活力。时隔半年再见，她还是那么有气质。我们都已不在原企业了，现在我们的交往更像朋友，像姐妹。

在把酒言欢的3个小时中，我学到了人生中非常有意义的一堂课。

01

人生最重要的事是知道自己想要什么

这次聊天我才彻底了解了，她还年轻就退休的真正原因。

她说："我退休不是一时冲动，而是早几年就开始准备了。因为我知道我的人生有更重要的事要做。"

什么是最重要的事呢?

她说："这个世界根本没有家庭和工作的平衡。女儿很小的时候我就开始全世界飞。那时4岁的女儿曾经哭着对我说，妈妈可不可以找一份不用出差的工作？我前面几十年职业生涯做得很好，我投入了百分之两百的精力。但是我知道职业不是人生的全部，我的家人，我的兴趣爱好比职场更重要。"

她告诉我，女儿今年就要考大学了，再有5个月就要离开家去美国上大学。她非常珍惜女儿在家的这段时间。

而她的父亲去年得了重病，现在靠医院的仪器维持生命。母亲快80岁了，既要照顾患病的丈夫，还要照顾家中98岁的婆婆。

她想把时间投入到家庭中，陪伴女儿和年事已高的父母。她知道，如果不做这件事，人生一定会有遗憾。

她说："家人为了我们多年默默付出，但是我们不应该视其为理所应当。"

职位只是那些虚幻的光环，而家人才是最重要的。

她不在乎别人的看法，她只在乎自己在乎的人。

今年是她和老公结婚20周年纪念，他们多年如一日的恩爱。她和老公约定，要过那种背上包就能开始旅途的生活。

她还给我看她画的画。她说，难以想象自己竟然可以用3个小时，满心欢喜去完成一幅画作，换成以前连20分钟都不可能。她还这么年轻，还有足够的时间去发掘生活多姿多彩的一面。

她看起来那么的幸福，笑容透着单纯的快乐。

有多少人能想明白自己的人生目标呢？又有多少人能分清生命中孰轻孰重呢？

但S知道。

正是因为知道，她才不会在乎外在的名利场，她微笑着华丽转身，她知道她有能力让自己更幸福。

02

心中的安全感来自原生家庭的滋养

她给我看她女儿的照片。照片上的女孩亭亭玉立，带着自信的笑容。

她很欣赏自己的女儿。她的女儿很善良，但又独立坚强，是那种她很喜欢的个性。

她虽然一直忙工作，但是从没有疏忽过对女儿的教育。她和老公给女儿很多的爱，这样可以让女儿内心充满安全感，勇敢地追求自己的未来。

我问她：“你很小就离开台湾，一直在世界各地工作，你的勇气哪里来的呢？”

她说：“我一直认为性格决定命运。而性格一部分来自天生，更多的是来自父母的培育以及后天的知识和经历。”

“父母的个性对子女太重要了。”她说。

她的母亲非常温柔，从没有打骂过孩子，但母亲却是一个内心特别坚强的人。遇到任何事情，母亲都可以不露声色地处理。

而她的父亲同样也是一个好脾气的人，父亲鼓励她勇敢地去外地打拼事业。

她觉得自己很幸运，生活在这样温暖的家庭中，她每天都很快乐，心中十分富足，而她也继承了父母温柔而又坚强的个性。

的确如她所说，在商界复杂的环境里，她从没有愁眉苦脸过。相反，她总是笑容满面，温柔而又果敢地处理各种棘手问题。

我问她：“你为什么总是看起来这么快乐呢？”

她说：“我不是看起来快乐，我是真快乐。我也有烦恼的时候，但是我会调节自己的情绪，让自己积极面对。”

S可以识别自己的情绪，并懂得管理和激励自己，这是一种极高的情商。而这种情商的培养，初期的影响几乎全部来自原生家庭。

一个人内心富足，就有信心面对各种挑战，敢于为自己的人生做主。

03

怎样才有好人缘？与人为善

S曾经对我说过一句话。她说："我很幸运，每当我遇到困难，总有很多人无条件地帮助我。在职场这么多年，我几乎没有得罪过人。"

我记得，那时我们公司经营遇到瓶颈，需要更多的资源投入。于是其他国家的负责人就减掉自己的费用，用以支持中国的业务。

而S做的很多决定，都会得到全球总部各个部门的支持。

我问她，怎么样才能像她这样拥有好人缘？

她说："我相信人性本善。我认识的人，我都相信他们是善良的。我愿意真心对待他们，关心爱护他们。"

她真的对人很好。有一次开会，我心情不太愉快，没怎么说话。她坐在离我很远的地方，竟然观察到了我的低迷情绪，然后发微信关切地问候我。

我问："你难道没有遇到过品德有问题的人吗？你难道没有被背叛过吗？"

她说："有啊。遇到这样的人，我更多的是同情。因为他们这样的性格，可能是家庭或者某些经历导致的。他们已经这么惨了，我就不会再生气或者怨恨了。我爱的人那么多，花在我爱的人身上的时间都不够，为什么还要浪费精力和那些人纠缠呢。"

原来S做人的原则这么简单，就是相信人性本善，然后以诚相待。

善良和真诚是做人的基本原则，所谓大道至简正是如此吧。

04

选择没有对错

我和S说起我面临的一个困惑。

我问她，如何选择才不会犯错呢？

她说："选择没有对错。"

我大惑不解，是选择就有对错，怎么可能没有对错？

她告诉我，过去几年她做了很多选择，如果让她再选择一次，她仍然还是会做出一样的选择。她仍然会面对女儿的哭泣而选择出差，她仍然会选择来中国，即使知道面对的是一连串的危机。

我说："是否因为事后证明你的选择全是对的？"

她说："不是。我来中国第一年忙得焦头烂额，有人问我是不是后悔了，在美国多好，驾轻就熟，何必来中国受这个苦。我却认为选择的这条路，虽然荆棘密布，却可以让我变得更强壮。

"我让女儿来中国读书，我希望她在亚洲生活，学习中国文化。有人说，也许女儿留在美国，对择校会更有利。但是没有发生的事，我无法预知。我所知道的是，我让女儿学习中文的目的已经达到了。

“你应该理性做出选择，然后从这个选择中，看到你所获得的东西。如果做出的选择真的让自己不舒服，那在下一次中吸取教训，做出调整。

“所以，每一个选择，有收获有放弃。不能假设那些没有发生的事，也不应该由外界来评判选择的对错。是对是错，唯一判断的人是你自己。”

她的这段话让我醍醐灌顶。

从客观上来看，选择当然有对错。但是我们却可以对选择赋予新的定义，因为我才是决定这个选择的人，我对选择负责。

05

和S聊完，我突然就明白了她说的那段孔子的话。知者不惑，仁者不忧，勇者不惧。

当一个人真正明白做人的目的时，她便会为了实现自我要求，而不再为外界所迷惑。

她会坦然面对人生的喜乐，不会庸人自扰。她也会拥有真正的勇气，去面对人生的各种挑战与考验。

她说，没有完美的人生。

但是我却分明看到完美人生的样板。这样的人生，是一种智慧，更是一种选择。

我们所有的学习，就是让自己拥有这样的人生智慧。

我们所有的努力，就是为了让自己拥有选择的权利。

第三章

情商修炼：
高情商的人生到底有多赚

听着！你要这样汇报工作，才能脱颖而出

同事小M是公司的管培生，毕业三年的她十分好学和努力。工作总是抢着做，任劳任怨，而且无论加班到几点，总是按时按量地完成工作，深受她的上司和同事的喜欢。

上司觉得小M的工作做得不错，有意安排她在公司高层的会议上汇报工作，借此给她更多的机会展现和曝光。但是她每次演讲都不够出彩，PPT 内容多得不得了，汇报时也都是平铺直叙，找不到重点。

我在台下坐着干着急，看得出她花了很多心思准备，我也知道她工作很用心。会做不会讲，是阻碍小M 进一步发展的拦路虎。

绝大多数公司的组织架构，都是金字塔型的。这就意味着越上层的管理者或者老板，每天接触到的信息就越多。而作为管理者最重要的一个工作职能，就是在大量的信息中获取核心要点，并以此作为业务决策的依据。

可惜的是，大多数人在汇报工作时都没有掌握正确的方法。如果只是泛泛而谈，很有可能你讲完了，上级什么也没听进去，这意味着你一切都白做了。

汇报工作只是将你日常所做的，用正确的方法表达出来。为了在汇报工作中可以让人耳目一新，刮目相看，接下来的这些干货你要认真学习了。

01

首先确定你最想传递的信息是什么

可能你的工作很辛苦，也可能你的Show case很多。但是，无论你要汇报多少内容，请首先确定你此次演讲的目的，那就是让领导听完后记住你汇报的核心内容。目标最好是聚焦在一点上，最多也不应该超过三点。否则会让领导记不住。

所以，首先要确定目标，你最想传递给领导的信息是什么。

02

汇报内容，从结论开始

我们平时讲话的结构通常是这样的：今天早上去买菜，为了能买到最新鲜的大白菜，我6点就起床了，然后坐公交车到地铁站，没想到地铁发生故障，等了20分钟才正常运行。当我步行10分钟到菜市场后，发现大白菜已经卖完了，太不走运了。

怎么样？这就是我们再熟悉不过的讲话结构：平铺直叙，先背景，再过程，后结果。

这种说话方式，聊天、写小说都没有问题。但是用这样的结构去汇报工作，就大错特错了。

用平铺直叙的方式讲话，传递的信息非常多，听完后让人一时反应不过来你想要表达什么。到底是想传递早起的问题，或是地铁的问题，还是白菜的问题？

想让人在短时间内一下子就清楚你想传递的信息，必须改变沟通方式，采取以结论为导向的沟通方式，即：结论—背景—过程—结论。

还是上面的例子，换一种讲法：

今天很不好运，我没有买到白菜（结论先行）；

我起了大早只为买到新鲜的白菜（背景）；

我6点起床，坐公交车到地铁站，没想到地铁发生故障，等了20分钟才正常运行（过程）；

所以，我最终还是没有买到白菜（结论）。

内容完全没有改变，只是讲话顺序变了，现在是不是非常清楚这段话想表达的意思是什么了？

想让领导在你所说的众多信息中能听懂你想表达的意思，请记住结论先行。

03

一张PPT只传递一个结论

每次开会看到那些写着密密麻麻的内容的PPT，我就直摇头。这样写PPT完全从自身角度出发，没有考虑到观众的感受。

想想吧，一场会议可能长达3个小时或更长时间，演讲者的内容各个不同。要想集中精力听进所有内容，对听众而言绝对是体力、眼力和精神的多重考验。

你知道吗？很多人一看到密密麻麻的PPT，就已经决定了放弃听你演讲。

做PPT的人光顾着往每张slide里塞进更多的内容，生怕漏掉了什么内容，自己吃了大亏。就如妈妈做了很多的菜，希望孩子都能吃下。殊不知，孩子吃饭前已经吃了很多东西，再一看到满桌子的菜，就完全不想吃了。

记住，PPT的内容一定要精简，每一张最好只有一个结论。一个很有效的方法是，将标题设为结论。这样既可以归纳你的观点，让你不至于跑题，也避免了观众猜测你想讲的主题。标题为观点或者结论，就是告诉观众，我的结论就是这个，不用猜。

当然这对你也提出了更高的要求，你再不能对着PPT念，而是要在汇报工作之前，反复练习，将要讲的内容烂熟于心。这样做的好处，将大大提高你和观众的交流，也会让你的汇报更为出彩。

04

少字多图，学会用数字说话

一看到用数字说话，很多人此刻会点头，嗯，完全同意，我就是这样做的。但我不得不说，多数人都做错了。

刚才谈到，很多人都喜欢将每张PPT填的很满。填满PPT

的两种常见做法：一是用文字填满，二是用数据填满。用数字说话的人，喜欢把PPT当成Excel，将Excel数据复制粘贴过来，每一张PPT都是一个Excel，上面写满了用放大镜也看不清的数字。

我建议每个做PPT 的人，每做完一张PPT，自己退后三大步看看，设身处地地想一想，如果你是听众，你是否能一眼看得清楚这张PPT？如果你都不能，凭什么可以吸引到观众？

想让台下观众看得懂PPT的办法就是：

1.少文字多图片。能用图表或图片表达的，尽量不用文字表述。

2.突出关键数字。数字是最有冲击力的表达方式。但是要切忌满屏都是数字。只有突出关键数据，才能给人留下深刻印象。

做到这一点很难，但还是要往这个方向努力。有舍才有得，果断地删掉无关紧要的内容，只留下精髓部分，这样才能清晰地传递信息。

如果你想利用短短几十分钟来传递几十个观点，那么最终的结果，有可能是别人一个也没听进去。

开完会后，我找小M单独辅导。她每一次的演讲汇报时间只有15分钟，但是准备的PPT都多达40多页，且每一张的内容都极为丰富，密密麻麻地，连蚂蚁都找不到落脚的地方。

我问她，你想传达的目的是什么呢？你每一部分的结论又是什么呢？你想讲完后，让老板记住哪几点呢？她这才恍然大悟。

事实上，她自己都没有想清楚到底想传递什么信息。她只是想把她所做的事show出来，却没想过首先应该有目标有结论，然后围绕这些展开来说。确定了目标，才知道什么应该重点讲，什么应该一笔带过，什么应该舍弃。

想通过演讲汇报给人留下深刻印象，在众人当中脱颖而出，一定要记得这五点：设定目标、结论先行、标题即结论、少字多图、简明扼要。还有，最重要的是，在汇报之前一定要反复练习，让自己走上台时，从容不迫。

永远不要忘了你汇报的目的，你不是为了讲而讲，你是为了让人记住而讲，你是为了达成某个目标而讲。

做一场高效演讲，你必须要学会的方法

如果让我选择一个在提升综合能力方面最值得掌握的技能，我会毫不犹豫地选择：演讲力。

罗振宇说过，如果你实在找不到一个领域去跨界，那就去学演讲，因为当代社会，最重要的能力就是表达能力。学会演讲，就是能让你用最小成本快速获得成功的途径。

著名的股神巴菲特也是演讲的推崇者，他不止一次谈及，年轻时他不擅长公众演讲，于是他报名参加了一个演讲课程，提高自己的演讲能力。这让他终生受用。

几乎所有的成功人士都是出色的演讲者，因为他必须要懂得一种最有效的方法来扩大自己的影响力，从而获得更多的拥护者。可以说，演讲是建立自信心和打造个人影响力最有效的途径。

不会公众表达，你就无法引起别人的关注，无法完整地表达自己的意思，更不能影响别人做出你认为正确的决定。这些都将影响你的事业向上发展。

在经我演讲培训过的成千上万的学员中，除了表达能力和思辨能力的明显提高，最大的改变来自于自信心重建，他们也

因此赢得了新的工作机会，获得了升职加薪，在演讲比赛中拿了大奖……这些都对他们的前途产生了积极正面的影响。

那么你如何才能做一场高效的演讲呢？接下来我分享几个非常重要的方法。

1.克服紧张恐惧最好的办法：100定律

想要提高演讲能力，除了反复练习，我想不出来还有什么更好的方法。反复练习是克服紧张和恐惧，让自己的演讲变得炉火纯青的一个非常重要的手段。

我从以前学员里统计了大家做演讲练习的时间，一个一分钟的演讲，从起稿开始到反复练习，直到上台演讲大概要花一个半小时的时间，也就是接近100分钟的时间。一个两分钟的演讲大概要花200分钟的时间。你不会一拿到演讲题目，就能立即张嘴讲。你得思考，搭演讲框架，然后开始不停地练习，直到最后感觉到完全满意了，才走上舞台去演讲。

我也同样是用差不多一百倍的时间，比如我要上台面对2000人进行演讲，如果给我十分钟的演讲时间，我从开始构思框架，到写PPT，然后一直反复练习，直到信心百倍地走上舞台，可能要花上1000分钟的时间。当我对演讲内容烂熟于心时，我就能充满自信地进行演讲。

所以，如果你害怕公众演讲，最管用的方法就是100定律。在走上舞台前，用100倍的演讲时间来进行练习。你准备得越充分，练习得越充分，你的表现就越好，你就越能享受舞台的感觉。

这就是我们常说的“台上一分钟，台下十年功”。不做好充分准备就去演讲，注定难逃失败的命运。

2.你的演讲内容要和观众相关

演讲最大的错误就是讲一些自己认为和观众相关，但其实和观众没有任何关系的事情。试想一下，每次你要去说服别人的时候，你是站在对方的角度去思考你讲话的内容，还是只一味地去讲你想的东西呢？

举个例子，你要向公司同事做业务回顾，在准备这份演讲时，该如何着手呢？一般的做法是将自己部门的业务从头到尾回顾一次，然后再讲一讲部门的下一步工作计划，对不对？

你在准备过程中考虑过对方想听什么吗？他们为什么要对你部门的业务感兴趣呢？你的内容可以给他们带来什么价值？如果这些和他们关系不大，他们为什么要听你讲呢？

所以，一定要记住站在观众角度出发来演讲。你可以问自己这几个问题：为什么观众应当关注我的讲话？我分享的内容对他们有什么价值？我有足够好的内容激发他们的兴趣吗？我在既定的时间内能讲清楚这个话题吗？

一定要记住，提供给观众有价值的信息，这是演讲成功与否的关键。

想办法和观众建立连接，通过眼神交流、提问和互动的技巧，让他们成为你演讲的一部分，也让你的演讲成为他们的一部分。

3.演讲的开头和结尾都需要精心设计

一部电影最重要的是哪一部分？开头、中间和结尾都一样重要，对吗？一个平淡无奇的开头会让你感觉索然无味；一个逻辑混乱的中间环节会让你如坐针毡；一个草草收场的结尾，会让你对整部电影打差评。演讲和电影一样。除了提供有价值的内容以外，你需要从一开始就引发观众的兴趣，用情感打动观众，并和他们达成共识。

很多人在开始演讲的时候，喜欢讲一大堆和内容无关的话，这样做的结果很可能是分散了观众的注意力。要知道，现在和我们争夺大家注意力的是手机。如果你的开场不能吸引别人的注意力，别人就会去看手机或电脑。所以你要从开头就切入主题，讲对他们有价值的东西，从一开始就激发起他们的兴趣和好奇心。

那么具体怎么做才最有效呢？不妨试试这几种方法：

一开始就提出观众感兴趣的问题。只要演讲者发问，观众就会自发地想参与进来。

另外，人们对数字都比较敏感，一看到关键数字，就会产生浓厚的好奇心，所以你也可以在开头运用一些数字。

讲故事也是吸引观众的重要手段。因为人类生来就爱听故事，故事能激发人的兴趣，引发共鸣，引起人们对主题的关注。观众们可能记不住一连串的数字，但是他们一定会记住一个精彩的故事，因为这符合大脑的运转方式。

和开头一样，结尾也同样需要精心设计。如果你在演讲过程中已经抓住了观众的注意力，不要用平淡无奇的结尾将其毁掉。不妨回忆一下，你看过的电影中，有多少是因为结尾设计得巧妙，从而让你对整部电影产生好感的？对于记忆而言，最后的体验非常重要。

结尾通常包括两部分，一是高度总结，另一个是结尾部分的情感运用。结尾是让观众回忆你的演讲内容的最好时机。结尾部分可以很好地帮助你总结要点，再次强化记忆，提出请求，所以总结应当是清晰、明确、简短的。一个成功的演讲首先需要带着明确的目的来进行，而结尾就是帮助你实现目标，利用情感促使观众行动的最好办法。

我本人最喜欢使用的方法是用故事来打动人，或者用排比句反复加强核心观点，或者使用名人金句来强调主题。一旦你在结尾和观众产生了情感共鸣，他们就会对你这场演讲印象深刻了。

4.充满激情去演讲

一个出色的演讲者首先要有镇住全场的气势。很多人都有一个共识，那就是，只要演讲者拥有激情，就有机会点燃现场的气氛，气氛一旦被点燃，他就具有吸引力和号召力了。

人们总是很容易被精力旺盛的演讲者所吸引，喜欢在他们身边，听他们讲话。有激情的人天生就有号召力。那我们到底要怎么样才能够点燃自己的热情和激情，从而牢牢地吸引听众的注意力呢？

我认为最重要的就是，我们必须熟悉并喜欢自己所要讲的内容。如果你对自己演讲的内容都提不起兴趣的话，你讲起来就不带劲，别人也就不会喜欢你的演讲。

如果你对自己的演讲内容研究得很透彻，你对内容很熟悉，你就会变得很有自信，你会特别希望自己的内容可以给别人带来更多的价值，影响到更多的人。

你要让内心充满激情，让观众感受到你对你所讲的东西有多自信，多热爱。要知道调动听众的情绪完全取决于演讲者本身。这就像一面镜子，你快乐，听众就快乐。你紧张，观众就紧张。当你表现出热情时，他们就会被你的热忱所感染。

我每一次演讲都会积极调动自己的情绪。我也会遇到心情低落或者身体不适的时候，但是每当这时候，我都会给自己打气，告诉自己：太好了，我又获得了一个可以向人表达自我的机会，我又抓住了一个可以影响到更多人的机会。因为这种内心的自我驱动，我的每次演讲都会激情澎湃。

很多人都认为自己性格内向，缺乏激情，演讲的时候放不开。这里需要向大家传递一个重要的观点，那就是演讲的本质是一种表现形式，它不是我们和朋友或者和爸爸妈妈之间那种非常自然放松的闲聊。从某种意义上来说，演讲是一种表演，你在台上看到那些人表现得那么自然，实际上是他们通过不断的练习展示出来的。

优秀的演讲大师没有性格之分，不管你是外向的还是内向的性格，你都有可能成为演讲大师。一旦你理解了演讲是艺术的这个概念，你就不应该再为自己设限。

为什么你懂得很多道理却过不好这一生？最重要的原因是你没有去实践。光看不练是没有用的。所以，如果想让自己成为台上那颗耀眼的星星，就不要放过锻炼的机会。从最小的演讲场合开始，利用学到的技巧不断地去练习吧。你要知道，在所有核心技能里，最应该也最容易掌握的，就是表达能力。

如何改掉说话啰嗦的毛病

昨天和朋友吃午饭，她告诉我她的同事辞职了。辞职的原因让她觉得匪夷所思，同事告诉她是因为无法忍受搭档说话啰嗦。

同事说，每次和搭档开会，本来只要15分钟可以解决的问题，搭档可以讲上两个小时。问题的关键是，两个小时的会议结束后，大家完全懵了。不知道会议讲了什么，解决了什么问题，下一步该怎么做。

同事觉得工作效率如此低下，再做下去也出不了成绩，不如另谋高就。

朋友咨询我，为什么说话啰嗦对工作的影响这么大呢？有没有改善的方法呢？

我说："这简单，有很多方法。问题是，很多人没觉得自己啰嗦，也不认为这对工作和生活有什么影响。"

说话啰嗦的人都具有什么特点呢？说话冗长无味，没有重点，说A会扯到B去，而且常会不断重复某个观点。

认真想想身边有没有这种人？估计每个人都能数出几个来。

对于一个追求高效率的人来说，和啰唆的人一起工作，是一种不堪重负的行为。我其实挺能理解朋友同事辞职行为的。

啰唆的人最大的问题不在口才上，而在思维混乱上。

因为思维混乱，想不清楚自己要表达什么，所以才会从开头到结尾，一句话反复说，直到把大家全搞晕为止。

你和他唠家常没问题，他会表现得非常友善和热情。但是一旦到了职场，这种找不到重点的沟通方式，就极其不利了。如果不去刻意改善，就会成为职场中的发展障碍。

话多，找不到重点，是很多人的通病。也是职场发展的一大痛点。那怎么办？现在方法来了。

01

用3点归纳总结

我们日常讲话时思维是发散的。朋友聊天，肯定是想到哪里说到哪里，对吧？如果你总是提炼要点，话就聊不下去了。

那为什么在职场中不能这样沟通？道理很简单，因为时间就是生命。你聊生活趣事可以聊两个小时，但是如果你在职场中这样谈工作，人早跑光了。

职场最稀缺的就是时间。所以你在沟通时要注意方法，变发散性思维为归纳总结式逻辑思维。

举个例子。问一个说话啰唆的人：“你为什么减不了肥？”

通常她会说很长一段背景，然后再说原因，最后再讲结论。总之，是说一大堆话，搞不好还会讲起某个菜特别好吃，或者某家餐厅值得推荐这样的题外话。

这就是典型的发散性思维的说话方式。

现在我要她锻炼自己，改变说话方式，采用归纳总结的说法。意思不改，但换一种说法。

减不了肥的三个理由：

第一，我太喜欢吃，控制不了嘴；

第二，我不能每周坚持3次锻炼；

第三，我认为减肥不是那么必要。总的来说就是我并没有那么强的动力去减肥。

看，同样减肥的话题，发散性思维可以说上十分钟，归纳总结法只需要一分钟就讲清楚了。

长期锻炼自己运用这样的要点归纳总结法，就不会发生大脑一片混乱的情况，思维逻辑将得到大大增强。

02

锻炼一句话总结观点的能力

昨晚散步碰见邻居，她告诉我最近在追看一部很火的电视剧。我逗她，你为什么那么喜欢看这部剧呢？有没有一个理由。她说了半天也没说清楚，最好只好说，哎呀，反正就是很好看，你去看看准没错。

如果你不去锻炼总结说话的能力，关键时刻就会说话啰唆不到位，或者一时语塞。

你在电梯口碰见老板，老板突然问你："听说你最近把客户会议安排得很好，你一个人是怎么处理得这么妥当的？"你会怎么回答？你可能憋得满脸通红说出一句话："这没什么，老板过奖了。"老板只能笑笑，走进电梯。

如果你换一种方式说："谢谢老板夸奖，这不是我一个人的功劳，我组织了一个项目小组，这是大家群策群力的力量。"

这两种方式，你觉得哪种会更容易给老板留下好印象呢？当然是有总结能力的说法。

所以，你需要锻炼总结能力。

这里的锻炼要注意两点：

观点鲜明，避免模棱两可；

用一句话进行高度总结。

你每天下班后，可以尝试对当天的工作做一个总结。比如，今天完成了销售指标，订货会议举办得很成功，这种模式可以大大促进销售转化。

工作如此，生活上亦是如此。当你看到一件热点事件时，尝试自己一句话总结出鲜明的结论。比如，你为什么觉得《人民的名义》值得推荐？

我推荐这部电视剧的原因是：剧情写实，制作精良，从职场、社会和婚姻等方方面面折射了人性的种种。

不断地锻炼自己的高度总结能力，你的做事效率就会越来越高。

03

沟通时结论和目标先行

你召集大家开晨会。大伙打哈欠的打哈欠，看手机的看手机。每天开晨会，也不知道为什么开，开完后有什么结论。开到一半时大家就在想中午吃什么好呢？

如果一个会议不能在一开始就明确要解决的问题，那么会议的质量就会下降。

说话也是同样的道理。

一个说话啰嗦的人通常是这样开头的：“我们来开晨会。很快要迎来我们的招聘季了，这对我们来说非常重要，因为……所以……大家来说说你们的看法吧。”讲完后，会议已经过去几十分钟了。时间过得很快，会议很快结束了，大家作鸟兽散。

等等，为什么要开这个会议？这个会议传递了什么信息？会议又达成了什么共识？

这种效率低下的开会模式，你觉得熟悉吗？

那么，要怎么做才能高效？沟通时，请先传递你的结论和目标。

思维清晰说话高效的人，会这样开头：今天我们晨会的目的是解决两个问题：

1.现在是招聘高峰期，我们需要锁定我们招聘管培生的几所学校；

2.我们需要确定哪些部门今年有招聘管培生的需求，职位是哪些？需求有多大。

现在大家来谈一下你们对学校的建议和看法吧。

这样调整过后是不是好很多？以结论为导向，大家在一开始就了解你的目的了。

如果想解决说话啰唆思维混乱的情况，请尝试理清你的目的和结论，并在沟通时，以结论或者目的先行。

04

限定在有限的时间内高效沟通

我以前的老板教会了我一个很有效的方法：每周例会不超过1个小时(特殊项目除外)。严格控制每个人说话的时间，如果到时间还没有讲完也不能再讲了。

这样坚持一段时间后，发现每个人的沟通效率大大提高。以前三个小时的会议都讲不清楚的事情，现在一个小时就已经将问题、解决方法和行动方案全部说清楚了。

那些说话找不到重点的人，现在也被逼变得高效，否则到时间没讲完，自己的问题就没有机会再提了。

在限定的时间内高效沟通，是一种让自己说话简单明了的有效方法。

试着开会不超过一个小时，讲A时绝不讲B，那么废话就会少讲很多。

说话啰唆就是思维混乱的反映。如果你希望自己能够给人干练明快的形象，你必须控制自己说话不要拖泥带水。

努力锻炼自己的思维能力，让自己的思维变得有条理和具有逻辑性，你就能成为一个说话高效的人。

时间是我们每个人最宝贵的资源。锻炼自己的逻辑思维和高效沟通能力，也是对别人的时间最好的尊重。

为什么爱抱怨的人，运气总是不太好

01

我有一位邻居大姐和我关系一直很好。我们从小一起长大，她比我年长很多，小时候总是很照顾我，在我眼里她是一个很善良的人。

但是这位大姐命运多舛。她和丈夫感情不和，在孩子3岁时就离婚了。从此她独自承担起抚养孩子的重任。孩子现在已经20岁了，她一直未婚。前后谈了很多对象，都以分手告终。她几乎没有什么朋友，和孩子关系也很一般。

由于我们生活在不同的城市，见面的机会十分有限。每次她向我感叹生活的不公时，我除了聆听外，也不知道该如何才能帮助她。

有一次她来南方旅游，在我家留宿。那几天的相处，让我明白了为什么她的人生过得如此艰难。

每次和她交流，她总是不停地抱怨生活中的种种不顺：

她之前交的几位男友糟糕透顶、一无是处，她遇人不淑，太倒霉了。

她的女儿现在读大学，不会做家务，连衣服都不洗，这么懒惰让她很生气。

她的闺密很自私，从不考虑她的感受，现在她们已经闹翻。

领导很蠢还很蛮横，她每天的工作都很煎熬。

在和她聊天的过程中，我感觉她的负能量都要爆了。我耐着性子问她：“生活和工作有值得让人开心的事吗？”

大姐苦着脸说：“这么多年来一直走背运。高兴的时候也有的，但是多数都是让人烦心的事。”

我说：“你觉得抱怨可以帮助你解决问题吗？”

她沉默了一会儿说：“不是你一个人说我喜欢抱怨了。我也发现我总是把焦点放在不如意的事情上头。而且我越说那些让人沮丧的话，好像运气越差。身边的人全都跑光了。”

如果你有留意，身边那些爱抱怨的人，通常过得都不会太好。为什么呢?

因为我们的言语表达了我们的想法，而我们的想法创造了我们的生活。

02

我们的人生是谁创造的呢？不是父母，不是环境，而是我们自己。

哲学家厄尔·南丁格尔曾经说过：“我们拥有的一切都是

自己造成的，可是只有成功者才会这样承认。”

当你习惯于抱怨时，你就处于任由消极情绪蔓延的状态。你传递出来的负面想法，会进一步让你的环境恶化。

但是多数人都不会认为自己是消极的人。他们的言辞可能充满了负面情绪，但是他们自己却完全没有察觉到。他们可能经常抱怨，但是却认为自己是正面和乐观的人。

我也曾经以为自己是一个很少抱怨的人。有一天我和我先生正谈起这个话题，我发现他又在乱扔毛巾。我立即很生气地说：“我已经说了很多很多次了，请你不要乱扔你的毛巾。你要我怎么说才长记性呢。”

他没回答我的质疑，反过来问我：“你不是说你是一个不爱抱怨的人吗？刚才这番话又是什么呢？”

我听完瞬间愣住了。是啊，这不就是抱怨吗？

当我们看见不顺的事情时，如果任由情绪泛滥，我们的负面言语会带来负能量，这种能量将反过来伤害到我们的身心，同时也破坏我们和他人之间的关系。这样就会进一步导致事情的恶化。

有人会纳闷，那我遇到不好的事情，难道就不应该说出来吗？

我们应该知道什么是陈述事实，什么是抱怨。

抱怨和陈述事实最大的区别在于，你的话里是否传递了情绪，是否透露出怨气、不满或者沮丧。

举个例子。如果邻居大姐认为女儿很懒惰，连衣服都不会洗，那么抱怨和陈述事实的方式分别是这样的。

抱怨的方式为：你怎么那么懒！连个衣服都不会洗，还要我来帮你洗！

陈述事实的方式为：你已经上大学了，但你每周都把衣服拿回家让我帮你洗，这样做不合适，我很失望，我希望你自己的事自己做。

抱怨聚焦在消极情绪上，陈述事实聚焦在事上。前者在发泄情绪，后者在处理问题。两者有本质的不同。

当我们不喜欢听别人抱怨时，我们往往也需要提醒自己不要做那个爱抱怨的人。因为我们的思想会塑造我们的生活。

如果我们总是消极负面，那么我们就会成为那个人人避之唯恐不及的人。我们也会因此过上我们讨厌的生活。

03

想要做一个快乐的人，想要控制自己的情绪，那么我们必须要对自己的思想和行为，进行有意识的管理。

从一个爱抱怨的人，到成为一个只讲事实、只寻求解决方法、不去抱怨的人，一般都会经历这三个阶段。

第一阶段：意识不到自己抱怨

喜欢抱怨的人，其实已经养成了这种毫无益处的习惯。

每天早上你睡醒了都会刷牙和洗脸，但有时你都回忆不起自己是否做了这些动作，因为习惯成自然。

爱抱怨也是同样道理。很多人完全意识不到自己其实就是别人口中那个牢骚满腹的人。

所以我们必须正确认识到，习惯抱怨的强大负能量，不仅危害我们的身体健康，也对我们的生活、事业和人际关系产生负面影响。

我们需要提高自我意识，在日常生活中多留意，自己的讲话或行为中是否带有消极情绪。

第二阶段：意识到自己抱怨

你有没有发现身边总有一些怨声载道的人呢？当你注意到别人有这个缺点的时候，说明你自己也有抱怨倾向。

人总是趋向于发现和自己相似的人，当你总是看到别人的优点，说明你自己也有这些特质。所谓优秀的人总是相互吸引就是这个道理。同理，当你看到周遭到处都是抱怨，那么这就是一个信号在提醒你，要注意自己有可能和他们是同一类人。

你可能会问，如果我身边都是这样的人，我怎么改变他们呢？

富兰克林曾经说过，最好的训诫就是以身作则。如果你想要别人改变，你自己就必须先改变。

所以，时刻提醒自己，改变从自己做起。

第三阶段：养成不抱怨的习惯

我们为什么会抱怨？因为我们对现状不满，我们认为这些都是上天的错，是别人的错。我们需要通过言语来表达自己的情绪，甚至我们想通过抱怨来解决问题。

但是抱怨对问题的解决不但没有帮助，而且还会把事情弄得更糟。因为你讲了什么话，世界就会呈现出你口中的样子。你抱怨老公一无是处，老公真的就会成为窝囊废。你抱怨工作是浪费时间，工作就会让你度日如年。

所以有位哲人说，改变想法就能改变世界。

每个人都拥有选择的自由。

选择情绪失控还是还原事实的陈述；

选择发牢骚还是聚焦问题的解决；

选择消极思维还是积极思维；

选择用负面虚弱的词语还是正面强大的词语。

你应该去做明智的选择。

将不抱怨的行为作为一个习惯的养成。每天审视自己是否在用消极情绪化的语言。如果有，提醒自己下次要注意。长期坚持下去，你就会发现你的消极抱怨的语言，将大大减少。而你的人际关系也会得到明显改善。

我们在生活中得到的结果取决于我们的行为，而我们的行为取决于我们如何看待这个世界。所以，先从改变思维开始，然后再改变行为，这往往能带来质的变化。

正如史蒂芬·柯维所说，如果你认为问题总是外界造成的，那么这样的思维本身就是问题所在。

你能不能先听我把话说完？

01

和两个闺蜜吃饭，席间谈起倾听的话题，大家都一肚子的火。

一个闺蜜说起昨天晚上和老公聊天的事。

她因为工作忙，经常要加班，最近一直身体不适，于是聊起关于健康的话题，可是她话还没说完，老公就开始上演人生导师了。

她对老公说："最近我感觉身体状态很一般，睡眠不太好。"

老公说："你每天晚上熬夜，身体当然会受影响。"

她说："我白天忙工作，晚上要完成各种PPT，不熬夜哪里做得完。"

老公说："你看吧，你自己对自己不负责，这能怪谁？还不是你白天工作效率不够高。"

老公继续提意见："你可以和老板说工作量太大，也可以委派给下属。总之，你要分得清什么是最重要的事。"

她有点生气地说："你搞清楚情况了吗？你到底能不能先听我说完再发表评论。"

老公觉得她无理取闹，还委屈地说："不是你说睡眠不好的吗？我这是在给你出主意啊，怎么你还怒了？"

她回忆起这段话，还是气不打一处来。她后来就懒得再说下去了。

其实她只是想找个人听她说说话而已。话说到一半老公就热心肠给她提建议，问题是老公真的知道她在想什么吗？

闺蜜问我们，难道倾听就这么难吗？

02

另一位闺蜜听完后，不停地点头，我问她："你也遇到类似的情况吗？"

她叹了口气告诉我们，她最近创业不太顺利，客源明显在减少，内心有点焦虑。

可每次和老公一聊这个话题，他就说这些全是她的问题。"他都不懂我的业务，就开始瞎判断了，显得他无所不知无所不能似的。我都懒得和他多说一句。"

我越来越深刻地感觉到，不会聆听是造成夫妻沟通不畅的一个重要原因。

我不止听一个人说过这样的话：我下班回到家什么话都不想说。

也许是工作太累了，但是更多的可能是自己找不到诉说的对象。

两人虽在一起生活，可是工作环境和朋友圈全不相同。如果不能够抱着开放的心态来理解和倾听对方，那么久而久之，就会带来沟通障碍。

很多时候，你对他说的那些工作上的事，他没啥兴趣，“嗯嗯啊啊”地回应，或者简单地应付一句，他可能连你说了什么也没听进去。

有时候，他也会听听，但是你刚开始说他就来了句“哎呀这有什么呀，别往心里去不就行了吗？”他这么一说，你剩下的话就没办法接下去了。

有人曾经说过，再好的夫妻也有过离婚100次的念头。

无法顺畅交流，是影响夫妻感情的重要原因之一。

03

不会聆听，影响的远远不止夫妻关系。

我有个同事口齿伶俐。但是每次开会讨论，到别人发言时，她总是急不可耐地说：“对不起，打断一下，我认为……”偶尔一两次也就罢了，长时间这样真的很令人反感。

打断别人的话，即使语气再客气也是一种无礼的行为。

难道不能先听别人说完你再说吗？你在不了解别人全部观点的前提下，进行反驳或建议，你怎么知道你就一定是对的？这根本就是以偏概全。

我大学毕业后在一家企业实习，实习后企业领导很想我留下来转正。但是我计划离开，我认为那家企业管理有一些问题。领导知道我要走，来和我面谈。

整整一个小时的会话，我几乎没有说话的机会。他一直在侃侃而谈，说什么年轻人不要太浮躁，你在这里一定会有辉煌未来这一类的话题。

我离开的真实原因在嘴边打转，只等他问就和盘托出，但那些话最终没有机会说出。最后我只好说一句给彼此台阶下的话，称自己回去再考虑一下。

这位领导如果懂得聆听，他也许可以找到我的问题并给出建议，说不定我就留下来了。很可惜，他连我走的原因是什么都不知道。

这样的错误在我刚晋升为管理者时也犯过不少。

我毕业几年后开始带团队。那时所有下属年纪都比我大，当时的我年轻傲慢，开会时根本不理下属的反馈和提议。他们一说市场问题，我就对他们进行各种挑战。我这种听不进话又武断的管理方式一度导致团队气氛压抑。

后来我被老板送去美国接受管理培训。那个培训十分先进，通过大量案例演练，发现自己的问题并予以改善。而且这些案例是被摄像头录下来的，事后本人、同伴和导师都会回看然后共同讨论。

当我在视频上看到自己的管理方式还原后，我震惊了。原来我在案例演练中遇到的失败和挫折，全都源于我不会倾听。

我的导师，一位60多岁的资深的美国咨询师。她和我一对一回顾演练案例，让我顿悟。

其实她没有给我提任何建议，她只是问，然后聆听，再问，再聆听。在她的启发下，我说了很多埋藏在心底的话。

那一刻，我彻底体会到倾听的力量。

04

这个世界上会有人愿意自己的话被忽视吗？

人们长了两只耳朵，一张嘴巴，说明上帝造人就是希望人听的时间要远远多过说的时间，怎么现在颠倒过来了呢？

有很多人问我如何交更多的朋友，如何可以让更多的人喜欢自己，如何可以在聊天时不冷场？

答案有很多种。但其中最基础最重要的一个方法就是，关切地倾听他人。

当你和别人沟通自己遇到的问题时，以下话语你也许很熟悉：

“对不起，打断一下……”

“这没什么，不值得那么郁闷。”

“看开点。你慢慢就习惯啦。”

“这事简单，我建议你这么做……”

“谁让你自己这么马虎的。”

“人家这样做也很正常。”

“你真倒霉。”

“不要和他这种人计较。”

通常你听到这些反应，是不是只想尽快结束这段对话?

这些尝试扮演天才、老师、老板、法官、侠士等角色的听众，他们以为可以尽快帮你解决问题，但实际上他们可能连事情的前因后果都没弄明白。

你喜欢你诉说的对象，扮演这样的角色吗？如果你不喜欢，请你也一定不要这样做。

己所不欲，勿施于人。

学会倾听，你才能彻底了解别人在想什么。

学会倾听，你才能全面知道别人的观点和看法。

学会倾听，你才能真正帮助并启发别人。

如何才能有效倾听?

记住这一句话：倾听是以理解他人为出发点，而不是为了回应。

一旦你听的目的是为了理解别人，你就再不会乱下判断和结论了。用心地倾听，然后问，然后再用心地倾听，再问。直到他完全说出了他的想法和困惑。

你不用急着判断或出主意，甚至你什么建议都不用给，你关切的倾听就可以启发他自己寻找答案。

而很多时候，别人只是想寻找一个诉说对象，仅此而已。

认真地倾听，是我们对他人最高的尊重。

控制不了情绪，你将一事无成

Z最近很烦，有一种山穷水尽的感觉。

这两年Z的工作算是一帆风顺，她负责的客户生意屡创新高，个人成长有目共睹，她的成绩也获得了公司认可。管理客户总会遇到种种挑战，Z凭借自己多年的经验也总能大事化小。

但是最近事态突然发生了大逆转，让人有点措手不及。客户的整个业务部门的人员都换了，做事风格和以前截然不同。Z以前的处理方法开始失去效果了。Z公司的其他部门同事对该客户的一些做法也颇有微词。

Z对于内部的一些挑战，开始据理力争。她感到很委屈，为什么自己付出了这么多，可是内部同事却不理解？她甚至怀疑公司同事是否故意针对她。她像浑身长满了刺的刺猬，别人只要一触碰她负责的业务，她马上就开始反击。和同事的关系也变得紧张起来。

而她在客户那里也找不到安慰。客户总是有各种各样的要求。无论Z怎么做，客户都觉得不满意。Z感受到了内部、外部的双重挫折。

有几个月时间，她常常处于崩溃状态中，自己躲起来不知道哭了多少回。一直以来，Z将全部身心都扑在了工作上，但没想到，现在的结果是：同事“针对”她，客户不买账。

Z很委屈也很郁闷，于是她找老板和同事倾诉，每次谈完后，Z都会觉得心情好了很多。但是没过两天，她又不开心了。慢慢地，她发现原本比较亲密的同事们好像也开始疏远她了。Z越来越抑郁，她感觉自己孤立无援。

职场很残酷，从某种意义上来看，职场更像战场，最终就是一个字：“赢”。

除非你只想安逸，不愿面对残酷的竞争，否则要想赢，就必须面对内外的种种挑战。而坏的情绪，是所有人克服逆境的最大障碍。情绪管理，俗称情商（EQ），是指人对自我情绪和对他人情绪进行管理的能力。

哪有一帆风顺的人生？ 如果一个人意识不到自己的情绪，不能合理地管理和控制情绪，那么他战胜挫折的能力将大打折扣，人生也更容易被困难打倒。

那么当遇到逆境时，我们应该如何更好地管理自己的情绪呢？如何能够转变思维，视困难为机会，成功渡过难关呢？

01

亲爱的，这个世界只有你

“亲爱的，外面没有别人，只有你自己。”张德芬这句柔软而坚定的话，一定要记住。不要尝试在他人身上寻求安慰。

没有人会对你开心与否负责。心情郁闷找人聊天，可以偶尔为之，但是不能把别人当成救命草，你要明白，你才是唯一可以救自己的人。

祥林嫂的经历是个悲剧。一开始大家都是抱着同情心的，但是久了，人人都唯恐避之不及。不是人们缺乏同情心，而是谁也不愿意整天和一个充满负能量的人在一起。

每天快乐是24小时，不快乐也是24小时。你愿意如何度过，决定权在你手里，但你要明白一点，任由负面情绪泛滥的最终结局就是，人人都将离你而去。

02

不要把别人妖魔化

当身处困境中时，有时我们会产生错觉，为什么别人要处处针对我？为什么别人从不认为自己有错？为什么他们认为错全在我？……感觉周围的人都在和自己作对。

事实真是这样吗？不是！第一，这个世界没有那么多坏人。搞垮你，他/她能获得什么好处呢？第二，不要把自己想得那么重要。

尝试让自己冷静下来，好好思考一下对方的言行举止。你是否把对方妖魔化了？ 你把对方想成了什么样的人了呢？ 不同的人有不同的价值观和沟通方式。用自己的想法去考量他人的行为，就会带来认知的偏差。

孟子说过，行有不得，反求诸己。难道你没有任何错吗？

难道错误全在对方吗？很多时候，我们都需要向内寻找。正所谓一个巴掌拍不响，如果能够客观反思自己的行为，也许答案就在眼前。

人际交往就像是一面镜子，你笑对方就笑，你愤怒对方就愤怒，你抱怨对方就抱怨。你想要获得别人什么样的回应，取决于你自己怎么做。

03

将困境转化为机遇的能力

你的人生中一定会遇到过很多挫折，现在回忆一下，问问自己，所有的挫折都不堪回首，不值一钱吗？ 难道我们没有收获吗？

我开始带中层管理团队的时候遇到过很多挑战。是什么让我后来成为一名合格管理者的呢？正是那些在带团队过程中不断的撞板和挫败。

人在困境和挫折中成长的速度要快于在顺境中的速度，每经历一次磨难，你的内心就强壮一次。理解了逆境必不可少，并将逆境当成是学习和锻炼自己的最佳机会，那么你的心智就会得到成长。

越是困难，就越要鼓励自己坚强。越是不顺，就越要乐观。如何在困境中保持愉快的心情和良好的心态，我的经验是：

一、假装。假装快乐。假装无所谓。骗别人的同时，你会连自己也骗了。最终你真的会快乐，会坚强。

二、反思。反思自己为人处世存在的问题，反思问题如何解决，反思下一次怎样避免故错重犯。通过反思，让自己由消极变得积极，在跌倒后爬起来。

只有培养积极的心态，才能让自己在困境真正得到成长。

相信自己，负面情绪在所难免，但情商可以培养。鼓励自己，挫折必不可少，但我们可以成功克服。

意识到自己的负面情绪在作怪，学会控制和管理自己的情绪，不要让情绪泛滥，同时懂得培养积极正面的心态，自我激励。这将是决定你人生成功的关键。

为什么大部分成功的人，看上去都很温和

01

由于工作的原因，我身边聚集了一些事业上很成功的人。我发现他们有一个共性，那就是：他们大都看起来很温和。

我的历任老板，即使在非常沮丧或者愤怒的前提下，也很少发脾气。他们常常笑容满面，平易待人，当他们表情严肃时，说明已经有比较严重的问题出现了。

在我看来，区别普通人和成功人士的一个标志，不在于说话是否让人如沐春风，而在于在关键时刻，能否很好地管理自我情绪，能否对他人的情绪有所觉察，并通过自我情绪管理，对别人产生正面影响。

在职场或者商场取得成功的人士，大都掌握着一个看似普通，但却极为重要的核心沟通能力，那就是不动声色地搞定他人并解决问题的能力。

几年前我去美国参加会议。现场全部都是大老板。大家就一个主题进行了深入讨论，由于讨论时间过长，大大地拖延了

会议进程。临近午餐时间，这个主题终于讨论完了。领头的大老板起身，宣布会议结束，准备离开去用餐。

这时候，秘书突然给每个人桌上送来一盘水果。一位总监拦住大老板，微笑着对大家说："大家讨论了一上午，一定很累了，先吃点水果。我们还有一个非常重要的议题还没有谈。按照我们的进度，这个议题也需要今天得出结论，否则会耽误第一个项目的开展。请大家再给30分钟时间，我们把这个主题讨论完。"

说完，她引着大老板回到位置上，继续讨论。

当时，我为这位总监的沟通能力而折服。她从关心大家的角度出发，给每人准备一盘水果，这一招太绝了，让人找不到推辞的理由。她始终保持冷静和微笑，明确地表达了自己的目的。

如果换成是一个不擅长沟通的人，她可能会因为会议的延迟而气急败坏地说："会还没结束呢，大家先别走。"或者，她只好看着大老板们离开，无计可施，满怀郁闷。

02

是人就难免会遇到不高兴的事，这时候是破门大骂图一时爽快，还是应该致力于问题的解决？ 对待事情的方式决定了最终的结果。

有一天中午，我在路边等同事。这时左边开过来一部车，右边也开过来一部车，两部车迎面相对。

左边的女司机摇下车窗，非常不耐烦地对着对面的车主说：“你退后，这里是单行线。”

对面的男司机也摇下车窗，很生气地大声说：“谁告诉你这是单行线了？你是不是傻？你退后！”

两人都没打算让步，摇下车窗对骂起来。女司机掏出手机说：“我叫警察来，我看你横！”男司机说：“你只管叫，我看你有多大能耐。”

其实他们往后退几步就是三岔路口。更何况，这是双车道，另一车道是空的，只要其中一部车往旁边让一让，别人的车就能过去。

于是我走上前去对男司机说：“你这么生气也不是办法，对吧？你不如退后几步，先让她把车开过去。”

男司机把眼睛一翻，生气地说：“你为什么要我让？她为什么不能后退？我不退！”

我微笑地接着说：“我一看你就是一位有经验的司机。你看你是赌气重要呢，还是赶路重要？要不你把车往前面左边的车道挪一挪，那大家都能继续开车了。你的位置比她更好挪一点。”

他想了想也觉得有道理，一边骂骂咧咧地一边开车挪出了位置。

这时那个女司机还在不依不饶，继续凶巴巴地说：“我正在打电话给警察呢。”

我赶紧对她说：“别打了，赶紧开车走吧。”女司机这才悻悻地开车走了。

这两个人一吵架就是10分钟。如果大家都被肾上腺素冲昏了头脑，只为了战胜对方，那么估计要等到警察来才能强制协调。到那时，结果对谁有利呢？气得半死，之后，双输。

03

人们往往因为一句话一个观点而争个输赢，却忘记了自己本来的目的。

发脾气就厉害了？如果发怒互骂，靠强硬可以解决问题，那么问题就简单了。事实上，这是解决问题最无效的方法。

有争论很正常，能在意见不同的前提下，心平气和地展开对话，并想办法达成双方的目标，这个才叫本事。

Amy和同事一起负责一个项目。她俩准备了一个多月，终于到了和老板汇报的时候了。

她们非常重视这次汇报的机会。于是商量着共同来讲，Amy讲前一部分，同事讲后一部分。

在会议当中，Amy讲完了她的部分，比预期得要快。可当轮到同事讲时，同事却不见了。老板说："别等了，Amy你继续吧。"

Amy没办法只好硬着头皮讲了下去。讲了一会儿同事进来了，Amy看见同事的脸色都变了。

会议结束后，同事对Amy愤怒地说："你怎么可以这样抢功劳，你太可耻了吧！”

Amy感觉自己的大脑嗡的一声，她也非常恼火，很想质问对方：“轮到你时你去哪里了？若不是我救场，这场汇报就被你搞砸了。”

但是她深吸了两口气，她想现在不是讨论谁对谁错的时候，关键要达成双方的目的。

她冷静地还原事实经过说：“对不起，我的这一部分讲得比预计的要顺利，所以你的部分提前了。但当时我找不到你，所以老板让我继续，我也是没有办法才这样做的。”

同事依然十分懊恼地说：“我当时肚子痛去了厕所，我以为没有那么快轮到我。我白准备这么久了。老板一定认为我啥也没做。”

Amy知道同事的目的，是想让老板知道她在项目中负责的部分和所做的贡献。

于是她对同事提议说：“这次会议虽然十分顺利，但是老板也提了一些建议给我们。我们分头再优化下，作为跟进我们再召开一个会议，那次会议全部由你来讲，你觉得怎么样？”

同事觉得有道理，这才冰释前嫌，安下心来。

04

一个人能够在关键时刻控制情绪，并时刻牢记自己和他人的目的，才是解决问题的沟通高手。

Amy被同事质问，虽然心里也很窝火，但是她考虑不是争个输赢，而是该如何解决问题，他们的共同目标到底是什么。她知道他们的目标应该是一致的，那就是共同做好这个项目，获得老板的认可。所以，这次的问题是同事没有得到在老板面前展示的机会，那么解决方法就是，想办法再创造一次机会，实现这个共同目标。

当处于冲突环境时，人们很容易失去理智为自己辩护。人们变得争强好胜并且急于战胜对方，这时所有人都忘记了原有的目标，情绪让人们陷入歧途。

听到过一句话：生气是拿别人的错误来惩罚自己，是一种无能的表现。

深以为然。

被激怒，如果任由情绪发展就会变得很傻，大脑一片空白。这时候脑袋里除了报复和打倒对方，想不出任何更为妥善的解决方法。发脾气就是大脑短路的一种条件反射。

所以，为什么说大部分成功的人，看上去说话做事都很理智？因为他们会时刻谨记：

自己的目的是什么？

对方的目的是什么？

如何做才能达成我们双方共同的目的？

对方为什么会产生这样的情绪？

如何才能让对方感觉他处于安全的对话环境中呢？

如何控制自己的情绪，客观地评价对方的观点和行为？

这才是成熟的心智。时刻牢记换位思考，真诚地对待他人，并永远致力于达成目标的双赢思维，是几乎所有成功人士必备的沟通能力。

05

有人说不发脾气是懦弱无能的表现。

真的是这样吗？

无能的实质是什么？

无能的实质不是不发脾气，而是有意见不敢提，有想法不敢说，有建议说不出。无能，说到底是自己没有想法，被别人牵着鼻子走。

对于那些出言不逊的人，你可以严肃地表达自己的观点："你刚才说……我认为很不合适，我听了非常失望。我希望你以后不要这样说。"

严肃认真地说出事实，表达自己的观点和期望。如果对方不听，也没有必要纠缠。事实上，并不是所有人都值得你去沟通。所谓"只与同好争高低，不与傻瓜论短长"。

当然，对于一些欺人太甚或者欺软怕硬的人，偶尔发脾气可以给对方下马威。但是这种发脾气应该是刻意而为之的行为，也就是在自我情绪控制下的结果。

和别人争吵，互骂，恰恰说明了你和他一样。除了情绪激动、浪费时间以外，你得不到任何你想要的结果。

能够保持积极和平稳的情绪，善于运用达成目标和解决问题的沟通方式，这样的人才叫厉害！

有明确的想法，也能保持开放的心态接受别人的观点；当别人意见和你不一样时，仍然能够控制情绪，冷静地与人坦诚沟通，直到达成共识。那么你的沟通将变得无比高效，你也会成为解决问题的高手。

做一个外表温和，但内心强大、理性而又坚定的人。

成熟的人，都懂得微笑说不

01

周末和朋友喝下午茶。我向她介绍了一个不错的基金，我去年买了赚了不少。最近基金重新打开，我建议她可以重点关注一下。

她却叹气说："唉，没钱了。"我知道朋友收入并不低，所以奇怪地问她："发生什么事了？"

她说："表妹最近又看中了一套房子，向我借钱。我不知道怎么拒绝她，所以把自己所有的积蓄都借给她了。"

在我的记忆中，这已经不是第一次听说表妹向她借钱了。表妹创业向她借钱，表妹买第一套房子向她借的首付，表妹结婚向她借钱办喜酒，现在二套房的借款又来了。

我问她，表妹之前的借款都还了吗？她摇头说："还了一点，但是多数都还欠着呢。"

"那你还借给她？你怎么不拒绝呢？"我表示费解。朋友愁眉苦脸地说："我也不想借啊，我知道借钱容易还钱难。可是我就是说不出口，我怕说了表妹会不高兴，破坏我们之间的感情。”

她还说把钱借给表妹后，老公为此和她生了几天气，她也感到很郁闷，日子拧巴得很。

我们总会遇到各种各样被人勉强的事，明明自己内心有个声音在呐喊，我要说不。但是话到口边，却不知道该如何拒绝。最后答应了别人，心里却委屈得不行。

02

我们公司招聘了个实习生。有段时间我常加班到很晚，每次离开公司的时候，总会看见那个实习生还没走。照理说，实习生不应该有那么多工作啊。

有一天晚上我又看见她孤零零地坐在角落里加班。下班前，我走过去和她聊天。我拍拍她的肩膀问她：“你在忙什么呀？”她怯生生地说：“我在忙项目的PPT。”我一看，这个项目的PPT怎么会让她写呢，她不负责这一块呀。我提出疑惑后，她支支吾吾地说，她是在帮大家的忙。

我怕耽误她工作的时间，于是就没再追问下去。

过了几个月，这个实习生提出辞职。后来我才了解到，她觉得工作量太大，而且别人总是把不应该她做的工作交给她做，她一方面觉得很委屈，一方面又不知道如何拒绝，所以特别不开心。她本来就是娇娇女，回家眼泪汪汪地向父母哭诉，家里人就让她干脆辞职算了。

她辞职后半年，我们在一个餐厅偶遇。我笑着问她：“当初你遇到这样的问题，怎么不去征求下别人的意见呀？”她不好意思地说：“我问了，但别人都告诉我不能拒绝，只能埋头苦干，否则会发生矛盾冲突。”

她的这番话让我陷入沉思。难道对不合理的要求说“不”，真的就这么难吗？

03

有一次我的一位远房亲戚来广州出差，他给我打电话问是否方便来我家留宿一晚。刚好我家有一个空房间，我爽快地答应了。

没想到他来时还有一位年轻女同事结伴而来。他私下对我说，为了节省费用，他们今晚都在我家留宿，不知可否？

我思忖一会儿，感觉这样做不得体。于是告诉他，不好意思刚看过，家里被子不够，恐怕不能在我家住了。在离我家不远的地方有个性价比很高的酒店，我已经帮你们预订了。我可以送你们过去。

亲戚虽面露尴尬，但也就顺水推舟地答应了。

如果我留他们过夜，我心里会很不舒服，因为不清楚他们是什么样的关系，与其这样不如婉拒。

04

我的一位亲戚转行做了保险业务员。她多次打电话向我推销保险。我正好也在寻找优质养老险，于是我让她按照我的要求做一份给我。

过了一段时间她带着方案来见我，兴致勃勃地说她的方案是业内最具有竞争性的。我拿出几个不同的方案和她的方案比对了一下，发现有一家的条件明显优于她的。

我对她说："我很想帮你。但是保险这种投资我们都需要慎重，这是对自己负责的表现，对吗？你是专业人士，你看这一家的方案，投资同样的金额，同样的时间，回报和赔偿都比你们高，我该选谁呢？"

她看后不出声了，然后主动说："这个险种我家是不够竞争力，你还是买他们的吧。"

05

我们都会遇到各种各样不合理的要求，或者勉强自己的请求。在我看来，面对这些要求，无非就是三种结果：

1.违心地答应了别人的要求

不想答应别人，但由于种种原因却答应了，这种情况最常见也最不可取。明明内心一万个不愿意，但是碍于面子，迫于压力，或者心存内疚，所以同意了。可是答应之后，又怪自己做出了错误决定，从此陷入矛盾懊悔之中。

2.简单粗暴拒绝不合理要求

不愿意违心答应别人的要求，于是一口回绝。这样做自己爽了，但很有可能因为强硬的态度得罪人。

3.婉转地拒绝不合理要求

对于听起来、看起来超出自己承受范围以外的要求，成熟的人都会懂得如何婉转地说不。这样做既不委屈自己，也避免因为说“不”而破坏人际关系。

具体应该怎么做呢?

06

1.给双方留一点时间

当别人对你提出要求时，如果你直觉认为不应该答应，但是又想不出如何拒绝。这时最好的方法是拖延，我现在不能答应你，让我考虑几天吧。这样就给自己和对方留出了思考和解决问题的余地。

我的一个朋友找我借钱。她说要一笔钱做资金周转。我觉得不应该这么贸然地答应或者拒绝，于是我说，我现在不能答应你，我要看看我的资金情况，请容我考虑几天再回复。你也同时找找别的朋友，看是否有人可以尽快帮助你。

几天后她没有再找我，因为她已经解决问题了。

2.示弱，表达自己的难处

如果这个要求是超出个人能力范围的，这时示弱是一个不错的方法。

前文提到的实习生，她在公司级别是最低的，所以不敢对不合理的要求说不。如果她鲁莽地拒绝，的确会影响同事给她的业绩评估。

但是一旦她学会示弱，就能够妥善处理。比如，有人让她做额外的任务，她可以说，我很想帮你，但是我现在手上的工作每天做到晚上12点也做不完。如果再接下你的任务，我估计连睡觉的时间都没有了。这样我也担心影响你的工作质量。你看你能否找别人帮你？

通常听到这样的话，应该没有人再会坚持分派任务给她了。

3.寻找第三种方案

当我们觉得拒绝别人于心不忍，又怕影响关系时，可以采取第三种方案，同时满足双方的需求。

我拒绝亲戚留宿家里的故事，就是第三种方案的运用。如果我说，不好意思你不能住在我家，那亲戚一定会很不高兴。

所以我干脆提出第三种解决方法，我家里被子不够，虽然你不能住我家，但是我帮你订好了酒店，而且我还可以送你们过去。

寻找第三种解决问题的办法，是一种很有效地达成双方目的的方式。

4.微笑而又坚定地拒绝

有时最好的方法就是坚定立场地拒绝。但是坚定立场不代表你要带有情绪，那些激动的、愤怒的、委屈的情绪都不应该用在拒绝别人的要求上，即使是再不合理的要求，你也可以面带微笑地说不。

朋友的表姐来广州谋生，有段时间每个周末都会不请自来，到她家坐上半天。朋友到了周末很想好好休息，但不得已要陪着应酬。

朋友烦不胜烦，就问我该怎么办？我建议她说，可以用这个公式：表示支持别人的意愿+客观陈述自己的困难和现状+询问对方的意见。

如果她套用这个公式，可以尝试这么说：很感谢你每周来看我，我们在这个城市应该互相照应（表示支持的意愿）。但是到了周末我想带孩子出去参加兴趣班，也想花一些时间做专业研究（客观陈述自己的困难和现状）。你看你能不能下次来之前，我们先微信约好时间，好吗（询问对方意见）？

后来朋友怀着忐忑不安的心情，用这个方法和表姐说了，没想到表姐一听就爽快地答应了。

07

学会拒绝，不愿意就不要轻易答应。毕淑敏曾经说过，拒绝如同生存一样是一种权利。

成熟的人都懂得，微笑着对不合理的要求说不。

高情商的人，从不畏惧任何对话

01

朋友L去年辞职了。在辞职之前他纠结了几个月，最终还是下定决心离开。

早在他动了想走的念头时，他就约过我，咨询我的意见。其实缘由并不复杂，他曾为他老板的业务立下汗马功劳，也得到了老板的认可和奖励。

但是当业务扩大了之后，老板为了业务的发展，又招了一员猛将来管理核心业务，而他则被调去管理新业务。

有人和他平起平坐，他感觉自己的职责被拆分了。而且新同事很有经验，深得老板重视，他觉得自己在这家公司看不到更好的发展前景了。

L很不开心，但是老板曾经对他不错，他拿捏不准何去何从。我反问他，你和老板谈过吗？ 你有没有问问老板是怎么看待你未来的发展呢？ 他摇摇头说，没有。

我鼓励他，与其猜测不如和老板沟通下吧。他虽然答应了，但是直到辞职的那天，他也没有和老板沟通。我问他为什么不谈呢？他说："这些问题实在很难开口，还是算了，免得提出来大家都尴尬，好合好散吧。"

前段时间一个机缘巧合，我认识了L的老板，我们谈起L辞职的事。没想到他的老板一谈到L就说："L有这个心结为什么不与我坦言相对？"

他说："我现有产品利润越来越低，我的企业必须要转型。所以我想一方面加强现有业务的增长，另一方面拓展新业务。而L是一个很适合开拓新业务的人，我让他负责新业务就是想让他带领公司转型，并不是把他原有核心业务拿走，他就不重要了。相反他对我们公司的未来来说意义重大。"

我听后一直在想，坦诚地交流和对话，为什么如此困难？

02

在职场上，我们常常会遇到很多艰难的对话情景。

比如，你明明知道老板对某件事的判断和决定是错的，但不知道该如何和他沟通？

和老公说话，每次还没说完就被他打断，如此讨厌的习惯，如何才能让他知道但又不伤害到他的自尊心？

每天下班回家累得不得了，真的不想做饭，但是为了避免和家里人吵架，只能天天勉强自己。有没有更好的解决办法？

和同事讨论一件事情，大家意见分歧非常大，还有没有机会达成共识？

公司有个职位空缺，我很感兴趣，但是老板好像在外面招人，他没有考虑我，我该如何去争取？

遇到这些看似难以启齿的问题，通常人们习惯的做法有两种：

一种是沉默。我不想得罪同事，不想冒犯老板，不想和老婆吵架，说了也没有用……算了，我干脆什么也不说吧。这样大家最起码面子上还能一团和气，我也不会被拒绝。不是说情商比智商更重要吗？不得罪人就是情商高了吧。

但是沉默，往往带来的后果十分严重。首先是自己心情很差，长期下去很可能会影响到身心的健康。而且压抑后的结果必然是报复性反弹。比如前文说的L，他痛苦了半年，最终的反弹就是辞职，一走了事。

然后就是对解决问题毫无帮助。沉默就是错误结局的最大帮凶。

这些人与我们工作生活联系很紧密，他们无时无刻不在影响着我们的情绪和工作生活质量，沉默无疑对改善情况毫无帮助。

第二种是失控。对某件事情的看法不同，我们习惯用简单粗暴的方式进行交流。如果不能达成一致，会上升到情绪失控的争执层面，最后不欢而散。

最典型的例子就是夫妻间吵架。整天在一起生活，谁也不比谁高一等。谁也不想忍，遇到意见不合时，就容易发生争吵。

比如，妻子很不高兴地对丈夫说：“为什么你的衣服老是到处乱扔，你就不知道把衣服放好吗？”丈夫听到妻子的唠叨很不耐烦，回一句：“你少啰嗦几句不行吗！”妻子一听就火冒三丈了：“我每天要出去工作赚钱，回家还要做你的保姆，还得看你的脸色，你是不是有病啊！”这样一来二去，争吵就爆发了。

情绪失控，只会恶化自己的形象，恶化彼此之间的关系。

03

在这样的环境下，沉默不可取，失控更不可取。这两种方式都无法解决问题。那么，有没有一种方法既可以维护好关系，又能高效地表达呢？ 答案是肯定的。

要达到顺畅沟通的目的，最重要的一点就是把注意力从“我”身上转移到“他”身上，营造沟通的安全感。请谨记“安全感”这个词。

也就是要让对方感觉你是值得信任的，他和你谈话时氛围是对他有利的，他是安全的。让对方感到有安全感，可以通过问自己四个问题来实现。

首先，你要知道你们这次沟通的目的是什么？

你的目的是损害对方从而让你自己利益最大化吗？ 你的目的是羞辱对方吗？如果是，这里所说的任何技巧都没用，因为你的动机不良。如果不是，那么就请思考，你的目的是什么？如何才能达成对双方都有益的结果？

其次，你们之间是否存在误解，对方有没有怀疑过你或误解你的意思？

要想了解你们之间是否存在误解，最好用的方法就是重复他的话。比如问对方，你刚才认为我这句话否定了你前期对工作所做的贡献，是这个意思吗？如果确定了对方的意思，再想办法消除误解。

再次，你是否让对方感受到足够的尊重呢？

你的态度是强硬、皱眉、不开心的，还是微笑、可商量、平静客观的？如果对方感觉自己受到威胁，他会直接关闭和你对话的窗口，拒绝和你继续沟通。

最后，你是否观察过自己的行为呢？

你有没有在心里默念对方是蠢货、傻瓜、讨厌鬼、大坏蛋？你有没有在心里想，我说了也白说，全是他的错，我是无辜的。

你要注意提醒自己，你看到或听到的是否真的属实？你的判断是否正确？你的结论是否有根据？学会观察自己，就能帮助自己从思维陷阱中跳出来。

04

一旦你懂得在谈话中创造安全感，那么很多看似难以启齿的话题，也就能开诚布公的沟通。接下来依然以L为例。

L的沟通目的是：了解老板对工作安排的想法，表达自己对在这家公司发展的顾虑，确定下一步何去何从。

要注意的沟通事项：

1.开发共同目的：有没有一种可能性，既能让L在这家公司为老板创造更大的利益，又能让L发展得更好？

2.创造谈话安全感：在沟通中，让老板感觉到自己是被尊重、被信任的。

接下来模拟一下L和他老板的对话环节。

L：老板，你方便吗？我有些话想和你聊聊。

老板：好的，你说吧。

L：老板，我留意到你招了××进来，接手我原来负责的业务。（描述事实，不带情绪）我想了解下你对公司未来的业务是如何考虑的呢？（从老板的角度出发）

老板：我们现在的业务在过去两年间翻了五倍。我们急需大量人才，××之前有很强的业务操盘背景，他的加入可以为我们未来的业务增长助力。

L：老板，你说的对，人才越多对我们公司发展越有保障。（安全感）这块业务是我一直负责的，现在你调我去新的业务部门，而新的业务部门暂时还没有生意，这是出于什么样的考虑呢？（描述事实，不带情绪）

老板：你有没有发现我们现有产品的利润越来越低？企业必须要转型，所以我的发展策略是未来转向更多的新品牌。我安排你负责新业务就是想让你带领公司转型。

L：老板的意思是未来的业务更重要，希望我带领业务转型，是这样吗？（避免误解）

老板：是的。

……

按照这样的沟通方式，只要时刻谨记谈话氛围的安全感问题，那么即使是在充满压力和挑战的环境下，也能顺利地展开谈话。

05

谁也不愿意面对艰难的对话，但是逃避解决不了问题，而且逃避问题很有可能让你成为受害者。

很多人遇到棘手问题时，或沉默或附和，表面上看起来情商很高，实际却是一种逃避责任的表现。这样的人既不够真诚，也不想真正解决问题。长此以往，无论在生活上还是工作上，都无法获得真正的成功。

只有学会沟通技巧，敢于直面困难，对自己的行为负责，才能获得成长。

第四章

自我管理：
如何利用时间，决定了你的人生质量

如何对付拖延症

01

有一天我对朋友说：“我这个拖延症是没救了。”她很认真地看了我一眼，然后一字一句地说：“你有拖延症？如果你都有拖延症，那估计全世界应该无人幸免了。”

在大多数人眼里，行动力强是我非常鲜明的标签之一。对于我这么一个追求效率的高效能人士来说，怎么可能会犯拖延的毛病呢？

但事实上，我正处于拖延症的“患病期”。

放眼望去，都是拖延的任务。现在是8月，可是我的衣柜里还挂着去年冬天的衣服，我从3月开始就计划收拾衣柜，可是一直拖到现在也没有做。

桌上放着出版社的合同，我特意将这个文件放在眼前，就是为了提醒自己不要忘记。然而，我还是比预期要晚了很长时间，至今仍在拖延中。

说好了6月带儿子去香港迪士尼玩。但是几个月前就发现港澳通行证过期了，到现在也没有去处理。

上述只是部分列举，说到这里，真觉得拖延症耽误事。

不过，我转念一想，不对啊，我这段时间做了很多事，比如工作上业绩创了高峰，公众号文章阅读量屡创新高，搞定儿子上小学的事情……细数下来，重要的事我基本没落下。

好吧，我想告诉你，有拖延症没什么大惊小怪的。每个人或多或少都有点这个毛病。从来不拖延的人我至今也没遇见过。

02

至于像我这样一个“行动派”为什么会拖延？我仔细分析了一下，犯病的原因可能来自几方面：

1.完美主义者。总希望能找到一个完整的时间来好好做这件事。

2.害怕麻烦，觉得做这件事难度很高。与其这样，不如暂时放一边，先把别的事情做好。

3.感觉不太重要。如果潜意识认为不重要，那我不拖到最后一分钟，就不会去做。

4.失去兴趣。没兴趣做的事，肯定放最后啦。

5.偶尔吃喝玩乐的放纵心态占了上风。时间在娱乐中总是流逝得飞快。

如果你也和我一样，为自己的拖延症找各种借口。那让我来告诉你，如何能够既拖延得心安理得，又仍然能够戴上“高效能人士”的帽子。

我们必须掌握一个宗旨，那就是，搞清楚现阶段对你来说最重要的事，只要确保这些要事不拖延就可以了。

比如你现在要做10件事，可是毕业论文答辩是你的1st priority（优先排序的第一位），那么先开始做毕业论文吧，其他九件事可以先往后排。

我们往往被一大堆琐事搞得心烦意乱，但其实真正对我们意义重大的事，也就那么几件。最重要的事通常都是很难的事，但是无论多难，都应该尝试让自己先开始。所以在生活和工作中分清事情的轻重缓急至关重要。

03

接下来，和大家分享一些我对付拖延症的技巧。

1.将大任务拆成小任务

通常我们拖延的一个原因，就是明知这件事很重要，但是我们被它难倒了。看着这个任务，感觉有心无力，只想逃避。

前段时间我被上司安排去做一个运营优化项目。我的团队成员们看到这个彻底整改的行动计划，全部欲哭无泪，感觉无从着手。

眼看着一天天过去，项目还在大家的焦虑清单中没有进展。于是我召集大家开了一下午的会，将一个个问题逐一讨论，逐一突破。会议一直开到晚上十点，直到我们把大项目拆解为10个子项目，事情看起来总算清晰多了，也容易多了。

所以，对于那些很重要但看起来很复杂的任务，最好的办法就拆解成很多简单易操作的小任务。事情看起来越简单，就越容易行动。

2.番茄工作法

“番茄工作法”是我的一大帮手。当我工作堆积如山，想当逃兵时，我经常会对自己说，别想那么多，先来个25分钟。

于是我就设定25分钟的闹钟，强迫自己开始行动。我经常安慰自己，不就是25分钟嘛，没什么大不了的，25分钟后再做打算。这样我就在没有压力的前提下开始工作了。但往往过了25分钟后，我就会发现，咦，效率不错哦。休息几分钟，要不再来个25分钟吧。就这样，一个个“25分钟”不断进行下去，很多该完成的任务就都完成了。

用这种小技巧，让自己开始了就停不下来。

3.每完成一个任务给自己一个小奖励

让自己不拖延还有一个方法是，推迟满足感。这种方法我原本是用在我6岁的儿子身上的，发现效果不错，于是我就拿来管理自己。

我儿子每天都要解锁一项任务，比如看书30分钟。如果他想吃雪糕，我会告诉他，把任务完成了，就可以买雪糕作为奖励。因为有奖励的诱惑，他自然就成了行动派。

我现在也经常采用这种方法来治疗拖延症。前段时间，我家的书房实在乱得让人难以忍受了，于是我就想了一个行动的方法。我对自己说，你不是特别想吃日本料理吗？收拾好书房，就可以奖励自己吃一顿。在日料的激励下，我当天就完成了任务，实现了小心愿。

学会将任务和奖励人为的挂钩，行动就有动力了。

4.让大家监督你

如果你敢于将自己的目标广而告知，那无疑就有很多双眼睛督促你行动。如果说了不做，难免会有点丢脸。

我一直有每周跑步的习惯。几个月前，我想将每周跑步次数提高到四次，但总是因为各种各样的原因没能实现。直到有一天我发了狠，我在朋友圈发文说，我要开始执行每月跑步16次的计划，从今天开始跑步打卡了，你来监督我哦。

因为每次都要发朋友圈打卡，我真的不敢偷懒。就这样慢慢地坚持下来了。

所以，如果你真的想治疗拖延的毛病，在众人面前发狠话也是个不错的方法。

5.边听音乐边干家务活

边听音乐边干家务活是一个好用的方法。每次把音乐一打开，那些让人讨厌的拖地洗碗收拾家务类的事物，就变得没那么面目可憎了。

建议在家里配一个小音箱，可以随身携带。手机蓝牙一连接，就能放音乐了。一边听音乐一边干活，在我看来还真的蛮享受的。

6.尝试远离手机

之前看过一则笑话，现代人和清朝人躺在床上的姿势很像，只不过那时的人躺在床上抽鸦片，现代人则是看手机。

不知你有没有发现，看手机时，时间过得特别快。眼睛一睁一闭，一天就过去了。这时想行动也没有时间了。

想不看手机是不可能的。不过，当我需要大块时间写文章或者处理公务时，我会要求自己这段时间不看手机。我就把手机放到另一个房间。这样一来，注意力得到提高，也找不到为自己拖延的借口了。

想要提升效率，远离手机不失为一个有效的办法。

04

说了这么多，无非是想告诉大家，拖延症人人都有，不要让自己活得那么焦虑。关键是，我们要懂得抓重点，采取一些小技巧，让一个个任务在乐趣中得以完成。

有时候拖延也不一定都是坏事。太快行动有可能会缺乏周全的考虑，事后难免要返工。而且被逼到deadline时，常常会灵感爆发，结果反而超出预期。我有几篇阅读量非常高的文章就是在截稿时写出来的。

亚里士多德说，人是理性的动物。

罗伯特·海因莱因说，人不是理性的动物，而是会为自己找合理借口的动物。

所以你看，人本来就是各种矛盾体的结合。所以，做到要事第一就行了，至于其他的事，偶尔拖延一下也没什么大不了。

这个方法彻底终结你的“懒癌症”

01

最近我先生陈胖突然变得爱学习了，经常看见他在闲暇时专心看书。有几次我叫他，他都听不见，我在纳闷，这么聚精会神，什么书那么好看呢?

前两天他说要请我吃饭，说要感谢我传授了番茄工作法给他，这几周他一直在坚持使用，工作效率得到很大提高。

我不禁偷着乐，没想到让他变得爱学习的工具，竟然是我用了多年的番茄工作法。

前段时间我们聊天，他对我说，他总是喜欢拖延，而且做事时会分心，比如看书时想吃饭，分析公司财报时会想着股票走势。越觉得没效率，就越懒得行动。

于是我介绍番茄工作法给他。我原以为他没往心里去，没想到他自己却私下执行起来。我问他：“用了番茄工作法感觉效果怎么样？”

他嘿嘿地笑着说：“还真管用，我一开始以为15分钟还不容易达成吗，哪曾想，以为过了好久，一看表才过了5分钟，等闹铃响起的时候，有种过了一个世纪的感觉。”

他继续说：“这段时间，我用这个方法开始做以前耽误很久的任务。我也不断地提高专注的时间，从15分钟到20分钟，终于可以坚持到现在的25分钟。这种方法对拖延和注意力涣散果然疗效显著啊。”

02

以下场景你会不会很熟悉？

想完成一件事，却总是拖延，不到最后一分钟都没有决心开始行动。

下班后想学习，但是手捧着书，却总是看不进去，时间过去30分钟，一页纸还没有翻过。

上班时觉得很忙碌，但是一天下来却沮丧地发现，重要的事一件也没做。

面对复杂的项目，总是望而却步，不知道怎样开始才好。

想专心做一件事，却常被人打扰，导致工作无法开展。

家里乱成一团糟，想收拾但无从下手，于是干脆眼不见心不烦。

全力以赴去完成一项任务，长时间工作感到筋疲力尽，大脑一片空白。

以上这些都是我们工作和生活中常见的场景。行动力差，注意力不集中，不懂一张一弛之道，每一样都让人头疼不已。如果你也常常这样，那么番茄工作法可能是解决问题的一剂良药。

“番茄工作法”由费朗西斯科于1992年创立。这个方法简单得超乎你想象，但是效果好到令人难以置信。

以前很多人家的厨房都会用一个外形像番茄的小闹钟。家庭主妇们经常用这个小闹钟定时，来帮助掌握火候和煮菜的时间。所以我们用番茄来形容计时的概念。

当你需要专注工作或学习时，你只需要使用闹钟，定好25分钟，然后全神贯注地完成手头的任务。当闹钟响铃时，这25分钟的任务就结束了。你可以休息5到10分钟，然后再继续下一个25分钟的番茄钟。如此循环下去，直到你完成当天的目标或者任务。

怎么样，简单吧？你可能会很好奇，为什么这个小小的闹钟会提高我们的专注力呢？

其实这个道理可以理解为“千里之行，始于足下”。以读书为例，当你打开一本书时，你也许会一边看书一边想其他的事，比如想着明天的会议如何讲才更妥当；或者你会打开手机瞄一眼微信朋友圈有啥新鲜事；又或者你想照照镜子，看看脸上的痘痘小了点儿没有……一个小时过去了，书还是刚打开的样子，这时你已经没有时间再看书了，你又要去忙其他事了。

如果你可以给自己25分钟的时间，你告诉自己，这段时间只做这一件事，其他的等过了这25分钟再说。这样你就可以强迫自己在有限的时间里聚焦做一件事。当25分钟过后，你发现感觉不错哦，那就再来一个25分钟。这样你就将之前那些远大的理想付诸行动了，转化成一个又一个高效的25分钟。

《荀子·劝学》中说："不积跬步，无以至千里；不积小流，无以成江海。"想提高行动力，想治疗"懒癌"，就从眼前的25分钟开始吧。

03

上个月我想去储物间找本书，一开门吓了一大跳，储物间根本进不去，杂物多到把门和走道都给堵住了。我只好悻悻而归。时隔几天我又要去储物间拿行李箱，看来不收拾不行了。可是一想到这么大的工程，就头大。思来想去好多天，最后还是决定用我的番茄工作法开始收拾。

首先，我给自己定了25分钟的闹铃，挽起袖子收拾了起来。闹铃响了后，我去客厅喝杯茶，看了一会儿电视。等休息好了，我就继续第二个番茄钟。就这样，不到3个番茄钟我就把非常杂乱的储物间收拾得整整齐齐了。其间还看了综艺节目，吃喝都没落下。如果没有番茄钟，我估计我会因为缺乏勇气，而一直拖延下去。

如果你想变得更为高效，那么你可以按照下面这四个步骤，开启你的行动力和专注力提高之路。

1.计划

每天早上，列出当天的待办事项，按照重要性原则从高到低依次排列。从提高完成率的角度，建议你的当天待办事项尽量不要超过5个。

2.执行

现在你可以设定计时器开始执行你的任务了。番茄工作法普遍使用的是25分钟，但是当你一开始使用时，可以以10分钟作为起步，然后一步步增加番茄钟的时间。

番茄钟的使用应该是先从重要的任务开始。将大任务拆解成每一小步，就不会犯拖延症。

3.休息

在高效的工作和学习后，休息是必不可少的一个环节。长时间聚焦会导致大脑和体力的疲惫，反而不利于持久性。

最好的办法是专注一段时间后适度放松，休息时间可以用来回顾和反思刚才的内容，也可以让眼睛和大脑彻底休息，这样会令下一个时间段更专注。

当专注25分钟闹铃响了后，就休息5到15分钟。充电后再开始下一个番茄钟。

4.回顾

一天结束时，可以对照计划和执行的情况，回顾当天哪些做得好，哪些没有做到。找出问题的根源，这样就可以进一步改进。

计划、执行、休息、回顾这四个步骤执行起来十分简单。坚持一段时间，你就会发现自己突然摇身一变，从“懒癌”患者变成执行力达人了。

04

谁都想成为高效率的人，但堆积如山的任务，迫在眉睫的截止日等种种压力，常常让我们备感焦虑而又力不从心。

对于事情太多、时间太少的人来说，应该学会使用番茄工作法，一种简单又强大的提高效率的方法。

和时间做朋友，专注在当下，你就能用点滴行动，让自己每天离目标更近一步。

忙不会累，“丧”才是真的累

最近我不喜欢拍照了，因为过去一个多月，我长胖了8斤。

这在我这么多年的经历中绝无仅有（怀孕除外）。要知道，我是被众人羡慕的不易胖体质。在很长一段时间，我都可以穿下大学刚毕业时的衣服。

看着磅秤，我陷入深刻的反思：到底发生了什么事?

我很快就找到了原因，只有一个字：“丧”。

01

过去一年对我来说变化很大，可以说是前所未有的忙碌。

去年下半年我去了上海上班，除了要适应新环境外，我每周都要往返上海和广州，路途上至少花费十多个小时的时间。除此以外，业余时间我就在看书、学习、写文章、上课。我一直过着这样紧张而又忙碌的生活。

今年一月初，我和几位朋友一起吃饭。他们说，快过春节了。累了一年，这段时间放过自己吧，好好放松，奖励一下自己。

我听后直点头，真是说到心里去了。我努力了一年，也值得给自己放个大假了吧。

然后我就真的松懈了下来。

我不再每天早起跑步锻炼了，晚上回家我开始看电视剧，看手机。有空我就参加各种饭局，各种聚会，也没什么时间看书了。

不熬夜学习，不早起跑步，虽然有时会对浪费时间感到内疚，但我总是安慰自己，快过年了就放松一下，也就一个月而已。没什么大不了的。

刚开始时感觉不错，这种毫无追求的“丧生活”，一点也不累。但是，随着时间的推移，我慢慢地变得精神萎靡不振，做什么事都提不起劲了。

想看书，但是有心无力；常常莫名其妙心灰抑郁；而且心情不好的时候，就特别想吃东西，吃饱了又不愿动。仿佛进入了死循环。

当我看见体重秤上创纪录的体重后，我突然意识到，我想过一种轻松的生活，但是却走了一条最累的路。

02

没有压力的生活，表面上看起来很惬意，但却会让自己状态越来越差，当想改变糟糕局面时，或者力不从心，或者需要付出更大的代价。

有句话说，好马与劣马一起赛跑，最终会越跑越慢。与更优秀的对手比赛会越战越勇，反之，缺乏压力和挑战，会导致身体应激反应不足，从而降低表现水准。

我想起我的健身教练常对我说，如果你想增加肌肉，就要尝试每次锻炼都超越一次纪录，而不是仅仅无聊地重复那些没有压力的动作，只有这样你的肌肉会加速成长。人在适度的紧张和压力下，反而会从中受益。

节前我参加行业聚会，见到我的老朋友，一位众人眼中的超人。他是三家企业的CEO，常年奔波在各个城市。他每天早上5点起床写文章，晚上永远加班到深夜，我们常常劝他保重身体。他调侃说，我越忙精神越好，反而我身边那些不忙总休息的人，倒是常生病。

的确，尽管他的工作如此高强度，但是每次见他都是精神抖擞，容光焕发。

想想我过去一年不也是如此吗？在做职场高管的同时，我坚持业余时间读书、学习、写作和开课；我花时间经营家庭，培养孩子；我还研究投资，去年收获颇丰。

我没有一刻敢懈怠，恨不得把一小时掰成两小时用，但我却在充实中收获成长，在成长中收获喜悦。

有人问，你那么忙，你不累吗？

经过切身的体会和比较，我会很诚恳地回答：“忙，真的不会累。”反过来，“丧”，才是真正的累。

“丧”让你失去斗志，萎靡颓废，最终你要为你曾经的“丧”，付出更大的代价。正如我要花更大的努力去减肥，花更多的精力去追赶浪费掉的时间。

很累的时候，最应该干什么？ 是放空自己还是去跑步消除疲劳？ 正确的做法是去跑步。

如果你要完成一项重要任务，应该交给办公室清闲的人，还是比较忙的人？正确的做法是交给比较忙的人。

那些习惯了“丧”的人，会变得懒惰，无所事事，消极怠慢。反之，那些习惯了忙碌的人，会在各项任务上表现得更为积极主动。

这也就解释了，为什么越自暴自弃就越窝囊，为什么越积极主动就越优秀。这就是过度补偿原理。

最近有次赶早班飞机，有个司机清晨五点来接我。他说他四点就起床了，从家开车过来要40分钟。我问他：“最近活多吗？赚钱吗？”

他说，挺好的。虽然忙一些，但是一分努力一分收获，每天都活得挺带劲。努力一点一个月可以赚两万元。比他没做司机前强多了，那时他天天在家不是打麻将就是玩游戏，过得颓废得很。

我能感受到他的双眸在黑夜里闪着光芒。

不要再“丧”下去了，“丧”得越久就越难改变颓势，你会为此付出惨重代价。用更积极的态度去面对生活，这才是人生应该有的样子。

读不进书？试试这 3 个妙招

有一次，我和一位朋友在一起聊天。他是个很热爱生活的人，经常出去旅游，也喜欢结交朋友，还是个小有名气的吃货。在外人眼里，他每天过得特别带劲。

几杯酒下肚，他开始大吐苦水，说："日子太没意思了，找不到生活的意义，每天晚上回到家就靠玩游戏打发无聊。"不得不说，这样的话从他嘴里说出来，我还是很吃惊的。要知道，他可是众人眼中那个生活得很有趣的人啊。

我问他："你平时看不看书？"他摇头说："我都几百年没碰过书了。一看书就犯困。"

一个不爱看书的人，是很难长久地点燃对生活的激情，并让生活和工作变得有趣的。旅游、健身和寻觅美食，这些方法的确能让生活变得有趣，但是效果不能持续。读书的好处实在太多。生活中的挫折如何战胜？读书。解不开的困惑谁来解答？读书。人生的智慧靠什么来获得？读书。怎样才能看到不一样的人生？读书。

我至今尚未发现比读书更能让人精神富足的方法。所以，难怪博尔赫斯会说，如果有天堂，那应该是图书馆的模样。

很多人说，很想读书，但是一捧着书就昏昏欲睡。或者一看书就浮想联翩，半个小时也看不完一页纸。

看不进去，怎么办？那么你不妨试试这3个办法。

01

从自己喜欢看的书开始

培养读书爱好比看什么书更重要。读书不要带有功利心，先从自己喜欢看的书着手。我最初培养读书习惯是从读小说入手的。

有些人看见市场上热门的工具书或者是商业书籍，就买一大堆回来，结果一本也看不进去，最终全部束之高阁。这样的事我也没少干。

当你没有养成阅读习惯时，工具书或商业书籍那些密密麻麻又枯燥的文字，立即变成了“催眠曲”，让你安然入睡。

所以，为了养成读书习惯，一定要先从你感兴趣的书开始。小说是比较容易切入的类目。我自己就很喜欢看小说，尤其是经典名著，经常会带给人深刻的人生启发和反思。

记住，培养读书的兴趣和习惯，比看什么书更重要。

02

给自己定目标，然后写下来

以前听说有人一年读300本书，我第一反应就是不太相信。但是随着我一年读50本书后，我发现其实一年读300本书并不是天方夜谭。一旦养成了读书习惯，只要不读书就会浑身不自在。

我开始读书时，给自己设定了一个一年12本书的计划。把这个计划写在QQ空间里，每个月读完一本书，就在QQ空间里写读书笔记。每读完一本就记录一次。当完成一年的计划时，真的很有成就感。

第一年完成了12本，第二年就提高到一年24本。这样慢慢地逐年提高，并保持每读完一本书坚持写读书笔记的习惯。

刚开始实施时，一定要设定一个自己踮踮脚就够得着的目标。否则，一个从不读书的人，跟着别人设定一年读50本书的不切实际的目标，会直接导致计划失败。

把目标写下来了并坚持每天记录，这个动作非常重要。你可以用任何工具记录，比如QQ、微博或微信。这样做的目的是促使自己下决心，并让别人对你产生一定程度的督促。

设定合理的读书目标，并让自己和他人可见！

03

养成读书时间的条件反射

我的儿子心心两岁的时候，我开始培养他一个习惯，每晚睡觉前给他讲半个小时的故事。这种睡前仪式的培养，带来的好处是，一讲完故事他就知道要睡觉了。有几次我太忙没顾上给他讲故事，他就很不习惯，睡觉也不开心。

读书的习惯和讲故事一样，都需要养成一个固定时间的条件反射。我白天工作很忙，晚上要写文章带娃，看书的时间不能保证怎么办？把书放在床头，逼自己无论如何在睡前最少看半小时再睡觉。

很多人说自己没有时间看书，其实是把时间浪费在了看微信或者在打游戏上了。养成固定时间的看书习惯，就会形成条件反射，一天不做就觉得不舒服。

如果你是早起的人，可以在早上看30-60分钟；如果你早上没有时间，那就养成睡觉前读书的习惯。

为了保证固定时间，读书的时候关掉手机或把手机放在另一个房间，这样它对你的诱惑就很难发挥作用了。

把读书当成每天的第四餐，固定一个时间，到点儿你就得吃，否则挨饿的滋味可不好受。坚持28天，你就能养成读书的习惯。

管理不好形象，还谈什么管理人生

客户来公司拜访我，我们之前素未谋面。一行人上到总经理、部门总监，下到部门经理都过来了。从他们进会议室的那一刻，我就从外形和气质上猜到了他们的职位。领头那个气宇轩昂的应该是总经理，中间那个外表普通一些的估计是部门经理。果然不出所料，我全部猜对了。

在职场这么多年，我发现了一个很有趣的共性，那就是，形象管理得体的人，通常职位都不会很低。不知道是先天的优势造就了事业的成功，还是后天的事业成功带来了形象的转变，从某种程度上来说，个人形象和事业有着正比例的关系。虽然不能绝对，但是也八九不离十。

我经常代表公司参加各种会议。越高级的商务会议，出席的人外形就越精致。做到很高层的人，极少有特别肥胖或者衣冠不整的。成功的人对自己有着很高的要求以及超强的自律，这种习惯会反映到工作和生活的方方面面。

01

我曾经带过一个下属。由于部门变动，我成了他的上司。

相处了一段时间，我发现他的朋友很少。尽管已经加入公司一年了，但几乎没有什么人和他交往。我当时还挺纳闷，他虽不太善于言辞，但工作勤勉，人也敦厚老实，为什么总是独来独往呢?

直到有一天我接了一个大项目，需要和他不停地加班追赶进度，我才发现了其中的一个主要原因。

他很不修边幅，每天都穿着一件不上档次的外套，而且几乎没怎么换过。由于不注意自己的形象，他的身上时时散发着一种怪味。我也不知道他是因为不讲卫生，还是衣服常年不换的原因，总之一靠近他，气味就让人受不了。

每次我让同事和他讨论工作，同事都用各种理由推脱。久而久之，大家都因为他的邋遢对他敬而远之。他在公司越来越被孤立，感觉推动任何事都十分乏力。最终他离开了我们公司，去寻求其他的发展机会。

你可能以为他是经济拮据导致不注意形象，恰恰相反，他的收入一点也不低。在我看来，对外形的重视和意识相关，和钱没有太大关系。

个人形象在某种意义上代表了个人品牌。一个不能管理自我形象的人，还谈什么管理人生呢?

02

我前一任公司的最高负责人，是大家公认的最注重外形管理的人。他那时快60岁了，但是看身材像30岁，看样子像40岁。他上台演讲时健步如飞，身轻如燕，一点都不显老。

他要全世界各地飞，工作非常忙碌。我见过他那么多次，你猜他有几次对形象是松懈的？没有，一次都没有。任何时候见到他，他都是穿着笔挺的西装和平整的衬衫，以及一看就知道长期运动才有的挺拔的身材。

他秘书最重要的工作之一，就是帮他安排他每天的穿着。我当时还很年轻，不懂他为什么如此重视自己的外形。随着自己的职位越做越高，才真正意识到，外形管理对一个人有多么重要。

当你衣着得体，妆容得当时，你首先会培养起自信心。而自信心正是事业发展的基石。一个人有自信，气场就会感染到他人，让别人对你产生好感和信任。

另外，要保持长期的良好形象，这需要毅力。因为人一旦过了30岁，新陈代谢变慢，稍不注意就会发胖，女人会有“救生圈”，男人会大腹便便。你见到那些人到中年，仍然保持良好身材的人，大部分都是通过自律来实现的。

所以，为什么通常形象好的人，事业发展也都不会太差呢？因为这样的人兼具了自信和自律这两大非常重要的成功特质。

03

上个月参加幼儿园举办的毕业典礼，我见到了与儿子同级的一位小朋友的妈妈。我已经有差不多六年没见过她了。第一眼看见她的时候，我简直不敢相信自己的眼睛，因为她的变化实在太大了。

还记得我儿子六个月大的时候，我推着小车去小区花园晒太阳。那时刚巧碰到这位妈妈，因为她的女儿比我儿子小一个月，于是我们一碰面就会一起交流育儿经。那时的她身材恢复得很好，打扮非常时髦，戴着太阳帽，穿着很酷的运动服。我当时还很胖，新手妈妈忙成了黄脸婆，完全顾不上自己的形象。和她一对比，我马上自惭形秽，心里暗自想，就算休产假在家，也不该放弃自己呀。

后来由于种种原因，我在花园再也没有见到过她。时隔六年再看见她，发现她竟然变成了一个完全不顾外表的家庭妇女形象。穿着随便，脸上那种优雅自信的神采不复存在。

后来我们相约周末带小孩去打球，趁着小孩玩耍的空档，我问起了她这几年的近况。她说生完孩子没多久，她就把工作辞了，想着老公做生意也不错，就全职去照顾宝贝女儿。

她对我说："感觉你越活越年轻了，比六年前看起来要好很多。我就不行了，天天待在家里，都懒得折腾自己。也想过再重回职场，但没什么自信心。"

她说话时再也没了当年的神气，眼神也变得很黯淡。

04

我想起我的另一个朋友，她也是怀孕后就退出了职场，做起了全职太太。有一次她约我吃午饭，我发现她还是一如既往的精致，且端庄大方。

我问她在忙什么。她告诉我，她不上班后经常带着儿子在小区里玩，认识了一群太太。大家觉得她气质非常好，就向她取经如何能让自己看起来更优雅。我这个朋友是学美术的，于是她就想办个画廊，请老师教这些太太们画画。

当她提出这个想法后，没想到受到太太们的一致拥护。于是画廊很快就开了起来。而且开张没多久就开始盈利。她见我时已经在筹备开第二间画廊了。

一个人对自我形象的管理，不是仅仅表现在人前。就算没有人看，也不应该放松。这是一种对自身要求永不降低的态度。当你邋遢时，你开始放弃自己，随之而来的就是自信心减弱。一旦不再对自我进行管理，对人生的追求也就松懈了。

我并非想说，人们应该把注意力转移到做表面文章上来。我所提倡的不是夸张的外形打造，而是干净得体的外形和自信的气质。一个对自己高要求的人，在追求内在的智慧的同时，也应该很好地管理自身形象。

网络上有一句话很流行，没有人有义务透过连你自己都毫不在意的邋遢的外表，去发现你优秀的内在。

一个人的形象是一张名片，是一个品牌。衣着得体外表端庄是对他人的尊重，也是自我成熟的表现。

正如叉腰挺胸这个动作，可以帮助自己从外部建立内心的自信一样。良好的形象管理，也会帮助我们建立自信心，从而赢得他人积极正面的回应。

你还在用自律苦苦坚持吗？

几年前我看过一个视频，主持人分别采访几位妈妈和她们五六岁的孩子。主持人问她们，如果让你给孩子打分，你打几分？有的妈妈说打90分，有的妈妈打70分，没有一个妈妈说给孩子打满分的。

那时我初为人母，看了这个视频百思不得其解，孩子在妈妈眼中难道不是完美的吗？如果问我，我一定打100分。

但是随着我家宝宝一天天长大，我开始意识到每个人在成长过程中，都会受到环境的影响，逐渐从完美变得不完美。

我儿子心心六岁了，不知道从什么时候起，他养成了一些不好的习惯，比如爱看电视，吃饭不专心，不喜欢看书等等。这让我很苦恼，但又始终找不到更好的解决办法。

有一次，我和《最强大脑》的Dr.魏聊起孩子的教育，我问他，孩子喜欢看电视怎么办？他很果断地说，不能让孩子看电视，这种被动地接受信息的方式，不利于小孩的大脑发育。

听完他的话，我更加焦虑了。回到家我就宣布，全家人从此不准看电视！大人们要以身作则，于是我把卧室里的电视机都送了人。

可是不看电视还有iPad啊，心心总是偷偷摸摸地看视频，只要一听到我回家开门的声音，他就赶紧关掉不让我知道。长久下来由于管他太严，心心觉得很委屈，爷爷奶奶也心疼，总之非常不开心。

朋友告诉我，小孩子都喜欢得到五角星的奖励，于是我在淘宝上买了一张表扬榜贴在冰箱上。这个表扬榜竖轴是7天，横轴是10个项目。我买回来后，就对心心说，我们列出来你需要改变的习惯，如果你每天做得好，我就在你做得好的地方，贴一个五角星，一周都做到的话，我就带你去你最喜欢吃的餐厅。

心心听完很兴奋，于是我们和他达成共识，将他要改变的习惯，比如不看电视、每晚10点睡觉、吃饭不玩、每天运动、幼儿园回来看书等需要培养的好习惯列了出来。

坚持了两天，他做得还不错。他每天都让我们去表扬榜对他做得好的项目贴上五角星。他看着满满的五角星，自己也很骄傲。

但是到了第三天就不行了。他顾得了吃饭，就顾不了睡觉；顾得了不看电视，就顾不了每天看书。有一天晚上，他焦虑得哭了起来，说自己今天有几项做得不好，拿不到五角星了，伤心得做梦都在哭泣。

这个表扬榜的方式明显行不通。我先生问我："孩子这么多不好的习惯，哪一个是你认为最需要改正的？"我说："当然是看电视。"他说："既然如此，我们不如做减法，只聚焦在一个问题上吧。"

于是我们和孩子商量，接下来我们只奖励一件事，那就是不看电视。如果你每天不看电视，我就奖励一个五角星给你；

成功坚持一周，我们带你去吃麦当劳；坚持一个月，我们就带你出去住酒店。

孩子完全不看电视也有点不太人性化，于是我们征求孩子的意见，问他怎样才可以做得到？心心想了想说："我从周一到周四，不看电视；周五到周六每天只看30分钟。这样行吗？"我们拍手击掌，表示达成一致。

这么一调整，奇迹发生了。

因为聚焦和奖励，心心执行得很不错。每天晚上临睡前，我们都和孩子去表扬榜上贴五角星。每周结束时，还象征性地做一个颁奖环节，表扬他能够每天坚持。

到了第四周，他几乎不看电视了，就连周五周六也不看。我们再也不需用自律来约束他了，因为他已经养成了不看电视的习惯。为了兑现承诺，我带他进行了一个短途旅行。

他尝到了好处，之后就主动问我，下个月会给他设定什么样的目标。

当完成了一个习惯的培养后，我就开始培养他看书学习的习惯。

这件事让我深思，为什么我们总是觉得养成一个好习惯那么难？其实，是我们不懂得用正确的方法。

01

聚焦，一段时间只做一件事

绝大多数受过教育的人，都能分辨得出什么是好习惯，什么是坏习惯。有人经常对我说，明明知道读书很重要，可就是养不成读书的习惯；还有人对我说，拿着手机就放不下来，总是把时间浪费在刷屏上。

为什么我们明明知道好坏，却无法改变呢？因为人们常常很贪心，总想一次性改变很多方面。

很多人喜欢囤书，一次买一大堆，但是买回来就束之高阁，一本也不读。与其这样，不如读透一本再读另一本。

前段时间，我开了沟通视频课，有几万人报名参加。我发现大多数人一开始都会认真听课，但是随着课程的展开，听课的人会逐渐减少。课程负责人对我说，整个行业令人头疼的现象就是完课率低。这也说明了很多人一次性报了许多课，但是却没有把课程上完。

如果你真的想学习一门知识，或者培养一个习惯，就要养成聚焦的习惯。一段时间只做一件事，做完这件事再做其他事。不要贪婪，否则你可能什么也得不到。

如果你想养成跑步的习惯，那么这个月你就只聚焦在跑步上。

如果你想养成读书的习惯，那请将闲暇的时间全部投入到读书上。

不要担心一段时间只做一件事，你会错过什么。聚焦往往是最有效的学习和改变自己的方式。

02

坚持28天的威力

养成一个习惯其实只要28天，如果你天天坚持，一天都不落下，28天足以还你一个奇迹。

试想一下，如果你每个月都给自己定一个任务，那么一年下来，你将培养出12个好习惯。不夸张地说，你的人生会发生脱胎换骨的变化。

28天很难坚持吗？有难度，但是好消息是，这个难度是递减的。第一个7天可能坚持起来很困难，第二个7天将比第一个7天容易很多。到第四个7天时，你靠的已经不是自律，而是惯性。一个28天不够，可以继续用第二个28天来巩固，直到彻底养成习惯。

现在，将你最希望培养的一个习惯写下来。你可以用A4纸，画上28个格子，贴在家中最显眼的地方。每天临睡前复盘，做到了就在相应日期的空格中画上一个符号。当你看到符号越来越多时，你离习惯的养成就越来越近。相信我，这种成就感妙不可言。

记住，完成一项再开始第二项，尽量避免同时开展两项任务。给自己28天的时间， 你会亲眼见证时间的威力。

03

游戏打怪升级的方法

我一直认为热门游戏设计者绝对是高智商的人。当你打游戏时，是什么让你欲罢不能？是不是通关时，那些从天而降的奖励和小仪式，给你带来的得意和满足感？

想要养成一个好习惯，不妨学习游戏打怪的方法。先给自己设定一个奖励方式，如果做到这件事，你最想干什么？给自己买一个包包？出去吃一顿法国大餐？看一场电影？还是把那件心仪已久的衣服买回来？

这个奖励不能以月为单位，应该最少以周为单位。完成第一周，奖励自己去看场电影；完成第二周，给自己买一束鲜花；完成第三周，出去吃一顿日本料理；完成第四周，把早就看上的那件衣服买回来。以此类推。每一周花式奖励自己，让人生充满了达成目标的乐趣。

我已经将“28天打卡”进行过很多轮了。通过奖励自己的方式，我培养了很多好习惯，比如跑步、看书、写作，甚至每晚睡觉前的护肤，只要我认为值得去做的事，我就展开“28天打卡”。

我将一些宠爱自己的行为都当成是完成小目标的奖励。吃个榴梿，买件贵一点的衣服，短途旅行……这些听起来就让人很兴奋的行为，我都会和目标完成挂钩。

每完成一项任务，我就给自己一个奖励。为了得到这些奖励，我总是充满了动力。

如果你有足够的自制力，你可以自己监督自己；如果缺乏信心，就寻求值得信赖的人的帮助，让别人监督你鼓励你。

怎么样才能坚持？做那些看起来有点难度，但是踮踮脚就能够得着的事；做那些目标并不遥远，让你有盼头的事；做那些每完成一步，你就可以得到小甜头的事。总之，只有享受过程，你才能坚持。

行动起来，给自己28天的时间，聚焦在一件事上，将奖励和目标达成挂钩，你会亲眼见证改变的力量。

为什么靠自律来改变的尝试，多数都失败了？

拥有高度自律的人，更容易获得成功。这是大家普遍认同的观点。

正如彭于晏，曾经是一个体重80公斤的小胖墩，后来因为自律，练就了比“古希腊雕塑还漂亮”（姜文语）的身材。他是娱乐圈有名的“考证达人”，每拍一部电影，就学会不少技能。

说实话，彭于晏真的够拼命。没有高度的自律，彭于晏是不可能做到“十项全能”的。

娱乐圈并不只有彭于晏一个如此自律的人。张钧甯也是一个健身达人。她和彭于晏同龄，在拍戏之余，只要条件允许，她都会坚持每天跑步10公里。这也让她收获了“跑步女神”的称号。

还有韩雪，同样也是一位深藏不露的自律达人。在参加了《声临其境》之后，很多人才发现平时低调的韩雪是一个非常有才华的人。韩雪参加了一个真人秀节目，曝光了她每天的作息安排。她几乎不熬夜，每天坚持在七点半起床，三分钟洗漱，五分钟化妆。在做这些事情的同时，她还会听广播和学习英语。每晚11点到12点，是她雷打不动的充电时间，用来阅读和学习。这样的努力和自律在普通人中也属罕见。

有一句话这样说：最牛的成功，都来自于最傻的坚持。

从这些明星的身上不难看出，他们的成功可能有很多因素，但是自身的优秀和竞争力，一定是来自于他们长期不断坚持学习的成果。

可是，那些在明星身上看起来毫不费力的自律，到普通人想要坚持时为什么却显得异常艰难？

01

给你的坚持赋予重大意义

很多人之所以茫然，是因为自己坚持做的事情并没有明确的意义。

别人跑步，我也去跑步；别人学英语，我也跟着学；别人每天看书学习，我也重新拿起书……问题是，你这样做的目的是什么？做这些事可以给你带来什么样的好处？

很多人说，我瘦不下来。如果给你300块钱作为奖励，让你一个月瘦10斤，你可能很难做得到。但是如果给你三十万呢？你能不能做得到？这就是价值不同所带来的动力的不同。

明星便是如此。他们的坚持和自律都有很强的动机和目的，除了让自己变得更好的这个大目标之外，他们还清晰地知道，做到这些，能给自己带来更好的资源和价值。

彭于晏在电影《翻滚吧，阿信》中有一句台词：如果你一生只有一次翻身的机会，就要用尽全力。

而他也知道，自己一旦抓住这次机会，就可能获得事业上的翻身。有了这个明确而有力的目标之后，他的自律和坚持就变得有意义起来。

放在我们身上也是如此，假如你想学好某一项技能，如果你只是感觉它很重要，或者看到别人学你才去学，那么你是很难学好的。

但是如果你告诉自己，学好这项技能能够让你获得更多的工作机会，薪资翻倍；或者能够让你看起来更好，成功地通过面试；或者增强你的"斜杠能力"，让你兼职赚钱，获得更多收入，这样你学习起来是不是就变得动力十足了？

不要盲目的坚持，而要做有意义的坚持。在做某件事之前，请一定赋予它一个重大意义，只有想清楚它能带给你的切实利益，你才有可能做得更好。从某种程度上来看，赋予意义比坚持更为重要。

02

过度的精力消耗是失败的主要原因

几乎所有的女孩子都减过肥，我也不例外。有一段时间我下决心减肥，就对自己下狠手，晚上不吃饭，饿得实在受不了了，就吃一个苹果充饥。

刚开始的几天，我靠自律来坚持。

但是坚持到第四天，一盘土豆焖排骨就让我丢盔卸甲。而且作为报复性补偿，我吃得比以往更多。一顿饭就让过去三天的努力付之东流。

为什么在减肥这件事上，自律看起来这么难？

因为心理学研究表明，每个人的自律都是有限的，不会因为你想要达到就能获得更多的自律。

《精力管理》有这样一段话解释了自律和精力的关系：主动和自律比我们想象得更加稀缺，因此我们必须选择性地取用。即使很小的自控行为都会耗尽储备，这次主动意味着下次可用的精力减少。清晰的事实是，我们每天只有非常有限的精力来进行自控。

人们都想成为更棒的人，于是总会给自己定很多目标，比如6:30早起，每天跑步30分钟，每天学英语60分钟，每天看书60分钟……总是想通过自律来约束自己，因为渴望一次性变好。

但结果呢？每一样可能都坚持不下去。因为这里面每一件事都要消耗精力，最终没有一件能养成习惯。

于是人们就会把这些计划的失败归结于自己不够坚持，没有恒心，对自己失望至极。但事实是，并不是你有多差，而是计划太不科学。

自律和精力相辅相成，而这些都极其有限。当精力消耗了得不到及时补充，无论何时何地做什么事，都不能全情投入，只能停留在浅尝辄止的层面，这种感觉糟糕透了。

每晚不吃饭的减肥方法，已经过度消耗了我的自律，所以无法坚持下去。

正确的方法应该是，设定合理的目标，比如从每晚一碗饭减少到每晚半碗饭，利用有限的自律来执行。

逐步改变好过全部投入而带来的失败。

所以，如果一件事你坚持不下去，请回过头检查你的计划，是不是一次性想要太多？或者设定了不合理的期望值？你需要在自律的同时兼顾精力管理。

03

我们最需要自律的地方是习惯的培养

你有没有一些事情每天一定会做？比如说洗脸刷牙，这些动作需要自律来实现吗？

对于刷牙洗脸这件事，你不会每天睡醒了给自己“打鸡血”，我今天一定努力做到刷牙洗脸……事实上，你根本不需要通过自律来实现，因为对你而言，洗脸是一种习惯，一种自动的行为。

当你建立起习惯，自律就会形成。

《精力管理》一书中说：意愿和自律推动我们行动，而悉心培养的仪式习惯会吸引我们做出行动，一旦做不到还会产生不适感。如果我们需要一个能够持久的新行为，肯定不能花太多精力来维持它。

这正说明了习惯的力量。一件事一旦养成了习惯，你就不再需要靠精力和自律来执行。

我的一个朋友坚持每周六打网球，多年来风雨无阻。我问他为什么可以如此自律?

他回答说："我就是喜欢这项运动，每周六打网球已经成了我的一个习惯，和自律没有关系。"

我的一位同事，每天坚持背诵英语单词，已经超过两年时间。

她之所以能坚持下去也是因为，这已经成了她日常生活中的一部分。她不需要自律就可以完成。

很多人每天都写文章，靠的也不是自律。到时间就想写，不写还会不舒服。

有人说，每天看书60分钟真的很累。那是因为你没有养成习惯。

正如彭于晏健身，张钧甯跑步，韩雪每晚充电，他们不会觉得累，因为累就坚持不下去。他们更多的是养成了一种习惯，做自己习惯的事才能感受到舒适和愉悦。

一个人想改变自己，靠的不是自律，而是习惯的养成。

所以，行动不是靠足够的自律来坚持，而是要找到对你来说最有价值的事，然后培养成习惯，最后成为你的例行公事。

所谓长期高度自律的人生，并不符合人性，也不符合精力管理。我们最需要自律的地方，就是习惯的培养。

做出持久改变的唯一方法，是塑造习惯。习惯最终会将我们塑造成我们想成为的那个人。

不要再说你没有时间了！

01

这一年来，我被问到最多的一句话就是，你到底是如何管理时间的，你怎么可以同时搞定那么多事？

在很多人心中，我也许已经化身为一位高度自律的女超人了。

我是一家大公司的高管，也是一位六岁孩子的妈妈。单就这两个身份已经让人筋疲力尽。

作为职业女性，特别是掌管数十亿生意的业务负责人，平时工作的繁忙程度可以想象。而且，我也很在乎亲子陪伴，孩子的教育从不假手他人。

几乎所有在职场上做得风生水起的女性，都会被问到这个问题，你是如何做到事业和家庭平衡的？我当然也不例外。

在我开公众号后，身边人都认为我是三分钟热度。在大家看来，白天的工作已经满载负荷，工作之余还要陪伴孩子，我怎么可能还有精力顾及其他事情。

但是，随着我持续高水平更新文章，阅读量和粉丝越来越多之后，大家不再问我如何平衡的问题，而是转向更多的好奇，你哪来那么多时间？为什么你可以身兼数职，还能把每件事都做好？

我不是女超人。我只是在工作上尽心尽力，在育儿上从不懈怠，在写作这一兴趣爱好上孜孜不倦的普通女性。

我也不是一个高度自律的人。桌子上堆积了无数的工作等待开展；下定决心每天跑步，却只能做到每周两三次；去年就和出版社谈好出书的事，至今尚未开始。甚至我连每天定计划这样的小事也坚持不了，只能做到每周计划。

02

去年年初我因病在家休养了几个星期，靠网购打发时间。

我迷上了一家卖服装的淘宝网店。在网上买过衣服的人都知道，挑选衣服很花时间。如果寄来不合适还得联系快递退货换货。

但是我沉迷于此，乐此不疲。

直到有一天我去复诊，医生闲聊说，你恢复得不错，这两周你都在家做了什么？

无心的一句话却像一根棒子敲在我的脑袋上，我猛然醒悟，天啊，这么快两周就过去了。我竟然除了网购什么也没做过！

回家后，我果断地停止了网购。从那之后，我几乎再没有上网买过衣服。因为我深知，当我消遣的时候，时间就溜走了，而留给我的是一无所获。

李笑来老师说，我们无法管理时间，我们真正能够管理的，是我们自己。只有接受这个简单的事实，才有解决问题的希望。

过年期间我们一家三口出国旅游。春节前很长一段时间，我忙到每天早出晚归。我答应儿子这次一定会好好陪伴他。

我没有食言，在泰国的10天我寸步不离地陪着他玩。但同时我还做到了另外一件事，那就是，在玩得尽兴之余，我看完了8本书。

这件事情让我再一次意识到，时间是具有充分弹性的，你想要过什么样的生活，时间就会流向哪里。

03

很多书和文章教我们各种省时间的小技巧。比如跑步的时候听英语，煮水的同时收拾衣服……总而言之就是我们在各处都省点时间，加起来就有时间做其他事了。

在我看来这是本末倒置。

我们不是通过节省时间来做我们想做的事。而是先确定我们想做的事，然后将时间投入在那里。

多年前看过关于《高效能人士的七个习惯》的一个视频，讲到要事第一原则时，史蒂芬·柯维做了一个小实验。他将小石头先放进一个瓶子里，当小石头放满的时候，大石头想放也放不进去了。

但是反过来，当他将大石头先放进去，再将同等数量的小石头放进去，这样就都装下了。

大石头比喻你人生中最重要的事，小石头则代表那些无关紧要的小事。当你的时间全部被琐碎的小事或者休闲娱乐占据后，那些重要的事就没有时间做了。你的人生会变得效率低下。

所以，只有把时间放在有价值的事上，我们才能高效地过这一生。当你完成了重要的事，如果还有时间和精力，就可以去做那些次要的事。

04

什么事情对你来说是最重要的？

你有在年初给自己设定新的一年目标吗？那些你放进目标中的清单可能对你来说就是最重要的事。

我们会制定关于人生、事业、健康、家庭、人际关系和成长等各方面的小目标。我们总是希望成为更好的自己。

现在假想一下，时间已经到今年年末，你回头看一看这一年的成功和收获，你给自己做个总结，是哪几件事让你成长？你做了哪些事令今年的你和去年有所不同？

从生活、工作和家庭等各个维度，选择几件能让你变得更好的事。把这几件事列下来，然后放进日程表中，告诉自己，我要去做这些事，因为这对我来说很重要。

05

村上春树说他一天只有23个小时，其中一个小时雷打不动地给了跑步。他每天很早起床，跑步、写作，先完成最重要的事，再去做其他事。

在时间上，我们一直在做减法。无论你怎么做，一天始终都是24小时，你不能将它变长或变短。用总时长减去那些你必须花掉的时间后，剩下的就是你可以自由支配的时间。

每一周我都会制订周计划，把本周最重要的事列出来，包括上班、运动、约会、带娃、看书、写文章等等，将它们分配到每天的某一个时间段。然后在睡觉前，我会快速回顾今天最重要的事情有没有完成，明天的计划是否需要调整。

当我将时间优先分配给这些重要的事之后，剩下的时间我也会偶尔打游戏或者看电视剧。我虽然在娱乐，但不会焦虑，因为我已经完成了这些重要任务。

也许你并不知道，其实我们每个人都是时间的“富豪”。我们每周拥有168（24×7）个小时。假设五天工作用了40个小时，一周吃饭花掉21个小时，睡觉用了56个小时，交通用了10小时，那么我们还拥有41个小时。

这个数字真的很惊人。41个小时相当于我们第二个全日制工作时间，也就是说，我们除了工作、吃饭、睡觉、交通以外，还可以任意支配的时间是每天8小时！

你还能说自己没有时间吗？

我们常常感叹，来不及做很多事情，因为时间过得太快。其实是我们把时间浪费在了我们不知道的地方。

你想一想当你有空时，你通常会做什么？拿出手机来看朋友圈？网购？逛街？看电视？人在无聊时，时间总是大把的。当你要去做重要的事时，时间就没有了。

我们根本不需要那么多时间去完成一个大目标，把每个不起眼的时间利用起来，做你认为最重要的事时，你都将变得潜力无限。

06

我认为发展事业很重要，所以工作时全力以赴；

我认为孩子和家庭很重要，所以下班回家就陪伴家人；

我认为健康很重要，所以每周至少五小时去锻炼；

我认为学习提高很重要，所以上下班路上的时间都用来看书；

我认为写作很重要，所以每天晚上固定一小时码字。

我偶尔看看电视，但不会天天追剧；我上网购物，但不会沉迷网购；我逛街买东西，但会直奔主题不再瞎逛；我等车时打打游戏，但不会让网游成为我打发无聊时间的主角。

我的时间都投入到了对我有意义的事上。当关注重要的事时，我们可以拥有的时间超乎想象。

把时间花在你认为最重要的事上，你就能够创造你想要的生活。

附　录

这篇文章，是我参加一个全球杰出女性的论坛的发言稿。借此和所有女性朋友共勉。

如何掌控人生，做自己的英雄

01

是什么限制了我们的人生？

很多女性对自己的生活现状都不够满意。抱怨自己学历不高，出生在小城市的普通人家，长得不够漂亮，被家庭和孩子所困……可是，这些外在的因素真的是限制我们追求梦想的原因吗？这些真的是阻碍我们突破人生的理由吗？

十几年前，我还只是个大型外资企业的销售经理，我们公司像我这样的销售经理，一抓一大把。

当时公司遇到了销售瓶颈，大老板决定进行大的变革。要变革就得有人执行。所以他们想在每个大区选一个最优秀的销售经理，调去北京，帮他们执行变革。

对我们销售经理来说，这是一个千载难逢的机会。我当时听到这个消息以后，第一反应就是：我可以吗？我能行吗？我是最优秀的吗？这个职位得去北京，我家在广州，我能平衡好吗？

我回到家跟家里人商量了一下，家里人说如果你愿意去，我们可以支持你。

尽管家里人很支持，但我还是很胆怯，犹豫了很久。直到最后才鼓起勇气递交了申请。

结果我拿到了这个机会。

有意思的是，不是因为我特别优秀而获得这个机会，而是根本没有其他人申请，就我一个人申请。

之后我就去了北京，成为公司重点培养的对象。一年后我带着这个项目回到了南方执行，并大获成功。我也因此连跳几级，二十几岁便成了公司南区的副总经理。这件事情是我的职业生涯中的一个里程碑。

后来，我问了很多身边的朋友，我说："这么好的机会你为什么不去申请？"他们的回答都是一样的："我可以吗？我能行吗？我不行，算了。"所以他们连申请的勇气都没有。

三年前，我的上一家公司想做一个变革，我们是一家传统企业，但是想转型做电商。于是，公司从外面请了一些专家过来，但是这些专家来了以后觉得很难适应企业文化。

后来公司找到我，希望由我带领公司进行转型。但是我碰上了棘手的事：没资源，没人手，没人懂。

我那时候是大区总监，带着几百个人的团队，驾轻就熟，业绩也很好。但我对电商一窍不通，我很害怕跌倒，也怀疑自己的能力，我问自己：我可以吗？我能行吗？

不过，最后我还是接受了这个挑战。我带着团队几乎从零开始，两年时间成功做到了十个亿的规模。而这个转型也让我的职场生涯再次飞跃。

这两件事情，是什么促使我最后做出决定的呢？是的，就是这个转变：

从问自己“我可以吗？”转变为“我要怎样才能行？”

从问自己“我能行吗？”转变为“为什么别人行，我不可以？”

当我在问自己“我可以吗？”的时候，我变得很虚弱。我的内心可能有一个声音告诉自己，我不能、我不行。

但是我转变一种问法问自己：“我要怎样才能行？”

这句话就把我往前推，我必须要去面对挑战，现在困难就摆在我眼前，我要去找到解决方法。

“为什么别人行，我不可以？”

转变成这句问话就是在给自己鼓劲打气。你可以的，你不会输给任何人。

你看，同样是问句，换了一种问法就会让我们变得更强大，对不对？

如果让你在这个世界上选择相信一件事，你会相信什么？

我刚做公众号的时候，什么都不懂。我是一个职场高管，我还是一个孩子的妈妈，我没有时间，没有精力。我也没发现我有写作特长。

2016年年底，我开始做公众号，那时候已经没有什么红利了，而且我认识的做得好的人几乎都是全职团队作战。如果和别人比，我会觉得自己黯然失色，算了，不要去浪费时间了。

但是我没有放弃，我做了一个选择，那就是相信自己。

相信自己什么呢?

相信自己有学习能力，相信方法总比问题多，相信自己可以坚持，相信自己可能比别人在某些方面更有优势。

所以我战胜了自己的心魔，我选择相信自己。

我觉得精神独立的女性（我指的是精神独立，不是经济独立；经济独立的女性也不一定精神独立。）都有一个特点，那就是，不会把自己的命运交给别人来主宰。不管遇到多大的困难，她都会选择相信自己，不会轻易放弃自己。

你想一想，这个世界上你可以相信谁?

爸爸妈妈一天天老去，总有一天会比我们先走，老公搞不好会变心，孩子也会长大，总有一天也会离开我们远走高飞。

那我们可以靠谁?靠的就是自己，如果你不相信自己，你还怎么靠自己?

所以，如果你只能选择相信一件事，那就信自己。

那么，到底是什么限制了我们的人生?是那些外在条件吗?

客观地说，外在条件是一方面，但是起决定性作用的还是我们自己。

如果你不敢想，不敢做，你就不可能去实现你的梦想。你敢想敢做，你就有机会离你的梦想更近一步。

不要害怕，鼓起勇气面对挑战，选择信自己。

02

管理时间：要事第一

你们有没有过这样的感受：

白天忙了一天，晚上瘫在家里的时候，发现自己好像一事无成。

很想看书，很想学习，但就是没有时间。

虽然每天在用日历表记录自己要做的事情，但还是觉得很迷茫。

有一句话说，生活像一团麻，时间其实也是这一团麻。那我们该怎么办？

曾经看到一篇关于大忙人的告白，我觉得很有意思：

因为我不知道什么对我最重要，所以每件事好像都很重要。

因为每件事好像都很重要，所以我不得不每件事都做。

有些人看到我每件事都做，所以他期望我们什么都做。

每件事都让我非常忙碌，我没有时间去考虑究竟什么对我最重要。

有没有戳中痛点？

时间是恒定的，你爱不爱它，它都在那里，不多不少，不快不慢。我们管理不了时间，只能管理自己。那么，怎么管理自己呢？

对我这样一个人来说，时间是最稀缺的。我读了很多时间管理的书，就是希望找出让自己更有效率的方法，最后我终于发现了一个秘诀。

就这四个字：要事第一。

什么叫作要事？

重要的事情，就是那些对我们人生的中长期有益处的事情。你现在做，短期可能不一定有变化，但是你一直坚持做，它对你的未来会产生质的变化。

很多人说："我根本就不知道在我人生当中什么是重要的事情。"

扪心自问，我们真的不知道对我们来说什么是重要的事情吗？健康、自我成长、家庭、人际关系，这些不都是重要的事吗？

可是，为什么你们不知道？

最主要的原因是，你们没有去想！你有没有花过几个小时，静静地思考并写下来那些对自己来说重要的事？

因为你没有想，所以你就不知道什么是要事。

这一点非常关键，你得知道你想过什么样的生活，你想成为什么样的人，你才能知道应该做什么样的事情去实现你的目标。然后你就把时间投入到那里。

所以，如果你觉得人生又忙又穷，活得无比迷茫，那么，请你给自己一些时间，静下来思考，你有什么特长？你心目中最满意的人生是什么样的？五年后你想成为什么样的人？今年你想做哪些改变？请你不妨给自己列一个梦想清单，把你认为最重要的事写下来，然后一步步朝着目标前进。

最有效的时间管理方式就是：

想清楚对你来说最重要的事，然后把时间投入进去，长期坚持去做这件事，减少时间去做那些次要或者不重要的事。把时间花在你认为最重要的事上，你就能创造你想要的生活。

03

选择的本质是放弃

有个粉丝问我，她说：“薇安姐，你有没有生病或者状态不好，进而影响到你生活和工作节奏的时候呢？”

我问她：“你为什么问这个问题？”

她说：“我就想知道你是不是铁人，你会不会受某件事情影响，让你的人生或者工作变得不完美？”

我听后不禁莞尔。真的有全能女人吗？真的有完美的人生吗？

根本就没有。

我认识很多优秀的女性，从表面来看，人生真的很完美，但是走近看，各有各的烦恼。

我有不少女性高管朋友，为了事业不得不和孩子分开，在外地工作。她们平时在职场打拼，周末搭飞机回家。如果周六要开会加班，就周六晚上飞回去，然后周日晚上或者周一早上回来。而且她们还不一定每周都能回去，有时遇到出差开会，动辄一个月才能回去一次。

你说她们的人生完美吗？

有一天，一位朋友让我帮她推广课程，我觉得课程不错，也愿意帮她。我看见她的标题写的是《年轻女性最应该知道的×××》。

我很纳闷，就问她："你这课程只适合女性吗？"她说"不是，面对所有人的。"

"那你为什么只写女性？"

她说："因为现代女性好像更好强，更好学，更渴望成长。"

的确，正是因为女性上进，现在职场中优秀的女性比比皆是。但是，几乎所有在职场上做得风生水起的女性，都会被无数次问到这样的问题：你是如何平衡工作和生活的？

然而，为什么没有人问男性这个问题。难道男性不需要顾及家庭吗？

我觉得这主要是两个原因。

一个原因是普世的观念，觉得女孩子就应该多放点精力在家庭上面；

还有一个我认为是根本的原因，在于女性天生对家庭更关注、更牵挂。

我在我儿子两岁的时候，由于工作的需要，必须要去深圳工作。那时我广州深圳两边跑，我觉得我没有花太多时间陪伴孩子，我是个不称职的妈妈，有时会内疚得大哭一场。

最近我又有工作的变动，我去了上海工作，现在我每周上海广州两边跑，虽然仍会内疚，但比之前坦然多了。是什么让我发生了改变?

就是这句话：对自己的选择负责。

你选择追求事业，那就去全力以赴；你选择照顾家庭，那就全心全意。没有人拿着枪逼着你去做决定，你才是你人生的主宰。

选择的本质是什么？选择的本质是放弃。你不可能什么都拥有，既然选择了一种生活，就要接受选择带来的遗憾。

最不可取的做法是，工作时候想着家庭，心存内疚。在家带孩子时想着工作，焦虑遗憾。这样你将什么也做不好。

半年前我带我儿子去吃饭，吃完饭后我们去逛街试衣服，然后在我试衣服的时候，听见我儿子跟外面的营业员聊天。大人都喜欢逗孩子，营业员就问他；“你喜欢爸爸还是喜欢妈妈？”

我儿子说：“我喜欢妈妈。”营业员说：“喜欢妈妈是因为妈妈陪你的时间很多，对不对？”孩子说：“不是，我妈妈很忙的，白天黑夜都在工作。”

我这时心就揪起来了，因为他声音放低了，听起来不开心。于是营业员转了一个话题问他：“你妈妈做什么工作呀，那么忙？”

这时候，我听见我儿子声音提高了八度，非常骄傲自豪地说：“我妈妈有好多粉丝，她是一个作家。”当时，我在试衣间眼泪瞬间就涌了出来。

是的，我的确不够完美，我没有那么多时间陪伴孩子，我的人生也不是十全十美，但是我可以努力，我可以成为我儿子的骄傲。

罗曼·罗兰曾经说过一句话：世界上真正的英雄，是认清了生活的本质后，仍然热爱生活。

今天我想重新定义英雄的概念。

每一位女性朋友都不要去跟别人比优秀，你真正应该比的人是你自己。

只要你一直努力，不辜负岁月，不要畏惧挑战和困难；只要你一直努力，让自己每天进步一点点；如果今天的你比昨天的你更优秀，那么你就是自己的英雄。

做自己的英雄。